名店主廚親授！
西式醃漬技法&料理
91品

醃漬的料理　95

Contents

Marinade & Marinade

名店主廚親授！西式醃漬技法&料理91品

瑞昇文化

Contents

醃漬材料別　索引

■野菜

■菇類

■海鮮類

閱讀本書前須知

- 材料和作法均依照各店的標示方法。

- 大匙＝15ml、小匙＝5ml、1杯＝200ml。

- 作法分量中標示的「適量」，請視情況決定分量和味道。

- 作法中的加熱時間和加熱溫度等，都根據各店所用的機器。

- 書中介紹的料理，視不同的店家，有的有供應期限，有的平時不供應。請向各店確認。

- 第204頁起的各店營業時間、定休日等店家資訊，為2016年5月當時的情況。

- 書中介紹的料理，在店內提供時，容器、擺盤法和配菜等會有變化。

醃漬的技法

解說 醃漬的技法

醃漬的目標、目的

- 去除食材的水分
- 使食材的肉質有彈性
- 濃縮食材的鮮味
- 增加食材的香味
- 讓食材入味
- 使食材變柔軟
- 消除食材的腥臭味
- 增進保存性
- 提升和組合食材的整體感

↓

大多數的情況下，醃漬不只一個目標，而是想達成數個目標。
●以醃漬完成的料理。
●醃漬料理屬於烹調的一部份。
根據是上述哪種料理，來決定哪個目標才是重點。再依重點，選擇醃漬的材料、組合和配方。

醃料（醃漬液、醃漬鹽等）

醃料	內容
鹽	
油、脂	
醋	
砂糖	
酒	白葡萄酒、紅葡萄酒、日本酒、雪利酒、波特酒
香料	乾 新鮮
香草	乾 新鮮
蔬菜	皮、果肉、汁
乾燥蔬菜	
菇類	乾燥、新鮮
海藻	乾燥、鹽漬品
水果	果肉、果汁、皮
水果乾	
發酵食品	醬油、味噌、魚醬、甜酒、鹽麴、優格
醃漬物	醃黃瓜、橄欖、鯷魚
複合調味料	芥末醬

↓

鹽、醋、油、酒、香草和香料是醃漬的6大材料。組合這些材料醃漬，或作為各階段的醃漬材料。
除了直接使用外，也可以用其他材料替代。
例如
替代鹽→有鹽分的調味料、發酵食品、鹽漬食品
替代醋→加醋的調味料、醋漬食品

醃料的形狀

液體

糊

醬汁

粉末

醬

固態

以液體醃漬，還是以粉末醃漬，對食材的滲透力不同。希望在短時間內完成醃漬時，或想慢慢醃漬時，依不同的目的，選用不同外形的醃料。

醃漬的手法

浸泡醃料

塗抹醃料

與醃料密貼 — 包上保鮮膜
塗抹醃漬糊
裹覆醃漬醬
真空包裝

煙燻

蒸

加熱再冷卻

除氣、減壓使其滲透

醃漬材料要如何沾裹、貼覆在食材上。雖然主流的醃漬法是「塗覆」和「浸泡」，不過近年來，即使很少的醃漬材料，也能在短時間內充分醃透食材的「真空包裝」技法備受矚目。

以真空包裝進行醃漬，真空包裝袋直接放入旋風蒸烤箱中，用蒸氣模式加熱的這種烹調法，被廣泛運用在西式、日式和中式料理上。此外，還有一種最新的醃漬技法，就是在降低氣壓的機器內放入食材，利用食材內部和外部氣壓的差距，使塗覆在食材表面的醃料在短時間內滲入內部。

燜煮有機蔬菜

十時 亨
「GINZA TOTOKI」店東兼主廚

以乾香菇、乾金針菇的鮮味
增添蔬菜的美味

在法語中，「Étuver（燜煮）」是指幾乎不加水，只利用食材原有水分燜煮的烹調法。乾燥的香菇和金針菇中，濃縮了和鮮菇不同的鮮味和甜味。透過和根菜類一起燜煮，從菇類釋出的湯汁也能滲入蔬菜中，充分活用其厚味。醃漬原本就具有提高保存性的作用。食材和醃料一起加熱後更耐保存，在南法，這道料理是大家熟知的常備菜，冷藏約可保存1週以上的時間。因為和芫荽的清爽香味非常對味，所以加熱時一起加入風味更佳。建議冰涼後作為涼菜。

醃漬的技法

一面醃漬
一面加熱，
以提高保存性

燜煮有機蔬菜

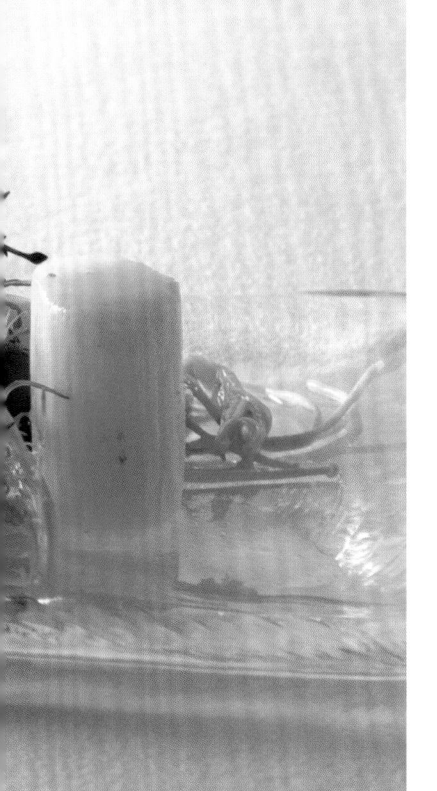

材料

白蘆筍…2根
蘑菇…10個
胡蘿蔔…1/2根
乾香菇…6朵
乾金針菇…適量
月桂葉…2片
芫荽籽…3小撮
鹽…5g
白葡萄酒…100g
檸檬汁…40g
EXV橄欖油…45g（完成用）
綠橄欖…適量
芥菜…適量

作法

1 白蘆筍去皮，切成3～4cm長。蘑菇去硬根，切半。胡蘿蔔切半月片，削去稜角。乾香菇泡水回軟去硬根，切成易入口大小。

2 在鍋裡放入1，一面弄散乾金針菇，一面加入，再加芫荽、月桂葉、鹽、白葡萄酒、檸檬汁和橄欖油，開火加熱。

3 煮沸後轉小火，約煮1分鐘。攪拌混合整體後調味，加蓋煮1分鐘。

4 約煮1分鐘後熄火，保持加蓋的狀態靜置5分鐘，利用餘溫讓食材熟透。涼至微溫後放入保存容器中，放入冷藏庫保存。約可保存1週。

5 提供時取出，盛入容器中，添加綠橄欖和芥菜。

昆布漬比目魚

醃漬的技法

昆布夾漬後，
更加突顯
白肉魚的鮮味

昆布漬比目魚

十時 亨

「GINZA TOTOKI」店東兼主廚

以昆布漬的手法
淋漓發揮白肉魚的纖細原味

為了表現日本風格的法式料理，我積極採用日本料理的技法和食材。尤其是有關魚類的料理，許多技法都應向日本料理學習。昆布漬就是其中一項，它在去除魚肉水分的同時，還能提引白肉魚原有的鮮味，我常運用此技法。透過昆布漬，能突顯味道清淡的生白肉魚原有的纖細風味。也能使肉質變緊實，略帶點黏糊口感。不過，如果夾漬過久，會變得只有昆布的鮮味，而且肉質過度緊縮，口感也會變差，所以要注意魚肉厚度、時間和鹽量等。昆布漬本身雖說是醃漬技法，不過這道料理還加上醋和油，成為義式生肉冷盤（Carpaccio）的風味。並且用讓人感受和風的梅醋、柚子和山葵等食材，來增加料理的香味。

材料

比目魚…適量
鹽…適量
昆布（已壓平、昆布漬用）…適量
日本酒、醋…各適量
檸檬汁、梅醋、米醋…各適量
海鹽…適量
柚子泥※…適量
EXV橄欖油…適量
山葵嫩芽…適量
（完成用）
番茄凍※…適量
迷你番茄…適量
番茄慕斯※…適量
櫻桃蘿蔔、山葵葉…適量

※柚子泥
※柚子果肉攪打成泥再冷凍。

※番茄凍
※使用番茄汁將番茄和小黃瓜製成凍。相對於番茄汁，吉利丁的量是7%。

※番茄慕斯
※番茄泥中加入鮮奶油，再加吉利丁或洋菜，用發泡器製成慕斯。

作法

1 比目魚分切五片（五枚卸），剔除腹骨和小骨。在切下的魚肉兩面撒點鹽。

2 在昆布漬用的昆布上，用噴霧器噴上日本酒和醋使其變濕，放上1的比目魚，再疊上另一片昆布。用保鮮膜等包好放入冷藏庫3～5小時，進行昆布漬。視個別狀況和喜好，調整昆布漬的時間，但注意勿夾漬過度。

3 取出昆布漬的比目魚，去皮，削切成薄片。

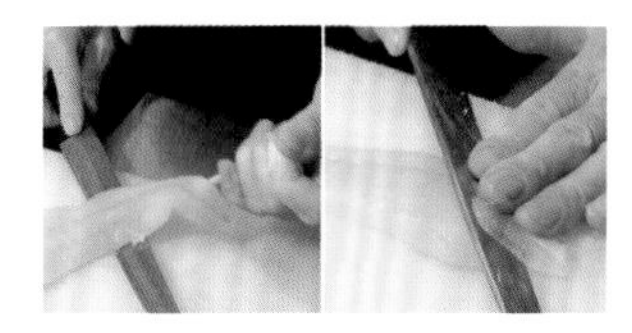

4 在3上淋上檸檬汁、梅醋和米醋，撒點鹽。相對於一片魚肉，梅醋大約1滴的分量，增添淡淡的香味和鹽分。利用有別於檸檬汁的清涼感、米醋溫潤感的梅醋酸味，使酸味複雜化。

5 再塗上橄欖油，放上柚子泥和山葵嫩芽。以此狀態靜置醃漬一下。

6 在容器中盛入切好的番茄凍，迷你番茄排放在周圍，再放上醃漬好的比目魚。用發泡器擠上番茄慕斯，最後裝飾上山葵葉。

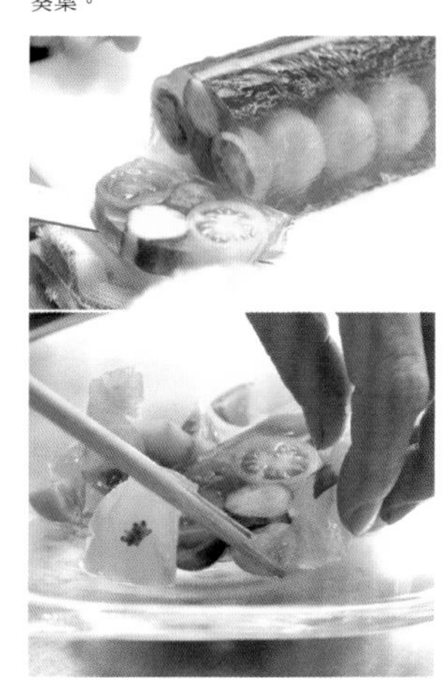

醃漬的技法

用鹽麴醃漬，以促進熟成

鹽麴醃鵝肝　佐市田柿

鹽麴醃鵝肝　佐市田柿

十時 亨
「GINZA TOTOKI」店東兼主廚

納入鹽麴、甜酒等日本的麴文化，創作日式法國醃漬料理

日本的麴文化深受世界矚目。現在，在法式料理中納入日本孕育出的傳統發酵文化，也很普遍常見。本店平時備有自製的鹽麴和甜酒，用於各式各樣的料理中。使用鹽麴或甜酒，能形成只用鹽或砂糖醃漬無法產生的熟成感。鹽漬雖有防腐的作用，不過鹽麴也有同樣的效果。此外，麴還具有使食材達到良好熟成的作用。不只對魚、肉有效，法式料理中不可或缺的食材之一的鵝肝，也同樣有此效果。僅用鹽麴醃漬鵝肝，以明火烤箱烘烤後，滲入鹹味的柔軟油脂入口即化。和市田柿的濃厚甜味非常對味。

材料（1盤份）

鵝肝…70g
鹽麴…適量
市田柿…適量

作法

1 準備已剔除筋和血管的鵝肝，分切成1盤份的量。

2 在兩面塗抹鹽麴，約靜置15分鐘。

3 將2的鵝肝用明火烤箱（Salamander）烘烤。表面烤到有焦色程度即可，兩面都要烘烤。

4 盛入容器中，配上切塊的市田柿。

甜酒醃櫻鱒

十時 亨
「GINZA TOTOKI」店東兼主廚

在傳統的油炸醃魚（Escabeche）中添加
柳橙的香味和甜味，散發清爽風味

櫻花季節上市的櫻鱒，顧名思義，其特徵是具有淺粉紅色的柔軟魚肉。肉質富含油脂，甜味與鮮味都很濃厚。為了更加活用其特徵，我選用甜酒作為醃料。分切好的櫻鱒魚片，抹上鹽靜置片刻後，只用甜酒醃漬。透過甜酒麴的作用，魚肉會膨脹，而且醃漬後完全感受不到鮭魚科特有的腥臭味。使用和櫻鱒同產季的款冬製成的油作為醬汁。作法是以橄欖油拌炒款冬，再用果汁機連油攪碎即完成。請隨著款冬淡淡的苦味與芳香襯托出的櫻鱒甜味，一起品味這道當令才有的豪華料理。

甜酒醃櫻鱒

材料（1盤份）

櫻鱒（切片）…1片
鹽…櫻鱒重量的0.8%
甜酒…適量
款冬…適量
EXV橄欖油…適量
油炸款冬※…2個
巴薩米克醬汁…適量

※油炸款冬
材料
款冬…2個
蛋奶餡（Appareil）（準備量）
　水…300g
　蛋…1個
　高筋麵粉…50g

1 在款冬上沾麵粉（分量外），沾裹調整好濃度的蛋奶餡，用炸油油炸。

作法

1 準備櫻鱒魚片，抹鹽，用保鮮膜密貼包裹放入冷藏庫醃漬一晚。

2 用流水洗去鹽分，擦乾水分，用甜酒醃漬，放入冷藏庫醃漬3小時～一晚。和鹽麴一樣，甜酒也使用自製備用品。

3 擦除甜酒，魚片切塊，用明火烤箱烘烤兩面。

4 製作款冬油。整個款冬用大量的橄欖油輕輕拌炒，立刻連油放入果汁機中攪打。

5 在容器中盛入3，倒入用鹽調味過的款冬油，放上油炸款冬。在油炸款冬上淋上巴薩米克醬汁。

醃漬的技法

使用經煮過酒精已蒸發的紅葡萄酒醃漬充分入味

紅酒燉牛肉

紅酒燉牛肉

十時 亨
「GINZA TOTOKI」店東兼主廚

法式燉煮料理中 不可或缺的醃漬準備

用紅葡萄酒慢慢燉煮牛肉的「紅酒燉牛肉」，濃郁的鮮味和厚味深具魅力，它是富人氣的基本菜色。小腿肉和牛頰肉等筋多的部位經燉煮後，筋的膠質軟化，美味度也有變化。燉煮料理的優點為即使是外形不佳的部位也能充分利用。這裡是混合使用豬腹肉和後腿肉。加入有油的部位，料理的味道會更濃厚。為了讓肉入味，事先醃漬作業不可少。這時紅葡萄酒一定要先煮過讓酒精揮發。若酒精未揮發，醃漬後燉煮時，肉的鮮味也會隨著揮發的酒精一併散失。為活用肉鮮味，直到最後都不剔除油脂也是製作的重點。

材料（準備量）

牛肉（豬腹肉、後腿肉）
…500～600g
紅葡萄酒…500～600g
月桂葉…1～2片
胡蘿蔔（切薄片）…適量
洋蔥（切薄片）…適量
橄欖油…適量
鹽、胡椒、奶油…各適量
熱蔬菜（胡蘿蔔、鴻禧菇、青花筍（Broccolini）等）…適量

作法

1. 牛肉切成易入口大小。太大塊不易入味。這個階段不加鹽和胡椒。

2. 在紅葡萄酒（適用卡本內蘇維濃（Cabernet Sauvignon）系列）中加入月桂葉，開火加熱，煮到酒精徹底揮發，放涼備用。

3. 在淺鋼盤中放入牛肉，疊放胡蘿蔔和洋蔥。使用日產牛肉時，因肉腥味少，只要加胡蘿蔔和洋蔥兩種香味蔬菜即可。

4 在3中倒入酒精已煮至揮發的紅葡萄酒。整體都浸泡後，用保鮮膜密封，讓肉整體保持浸泡在紅葡萄酒中的狀態，冷藏一晚醃漬。

5 在鋼盆中疊上濾網過濾4，將紅葡萄酒和肉及蔬菜分開。再將肉和蔬菜分別放到淺鋼盤中。

6 在肉和蔬菜上分別淋上橄欖油。肉放入225℃的烤箱中烤10分鐘，烤到整體上色。蔬菜也同樣作業。淋上橄欖油能防止蔬菜過度乾燥，也能漂亮上色。

7 烤好後，將肉和蔬菜一起倒入鍋中。烘烤時釋出的烤肉汁和油脂也要一起加入。

8 在5中加入已過濾的紅葡萄酒。紅葡萄酒分量不夠時，添加新酒補足。根據紅葡萄酒的濃度，也可用水或雞高湯（Fond de Volaille）稀釋。不過，為了突顯肉鮮味，用高湯比用水更好。這道料理原本就是用牛肉具有的鮮味燉煮的料理。

9 蓋上內蓋約燉煮1個半小時，為了讓油脂中滲入肉香味，浮起的油脂直接保留。

10 提供時舀入鍋中加熱，牛肉盛入容器中。將煮汁熬煮成醬汁，用鹽調味，離火，加黑胡椒。也可依個人喜好，用奶油增加濃度。在肉上淋上醬汁，加上熱蔬菜即可提供。

醃漬的技法

用大量的鹽和香草醃漬後再油封

油封日本雞

油封日本雞

十時 亨
「GINZA TOTOKI」店東兼主廚

帶骨肉如從骨頭卸下般切開
更易醃漬入味，也更好食用

油封是指在油脂中保存以低溫油脂慢慢煮好的帶骨肉，是以保存肉為目的的烹調法。為提高保存性，肉一定要事先用鹽和香草醃漬。這時使用大顆粒的粗鹽比較好。只要在肉上放上所需分量，鹽慢慢就會滲入肉裡。此外，比起尖銳的死鹽味，較適合使用有甜味和鮮味的鹽。這道料理是使用肉重量的2.5%的鹽之花進行鹽漬。一面用大蒜和月桂葉增加香味，一面去除多餘的水分，同時也去除肉腥味。使用帶骨腿肉時，若直接烹調，肉的入味程度和熟度會不均勻，所以事先要將肉的厚度處理平均。

材料（1人份）

帶骨日本雞腿肉…1支
鹽之花（Fleur de sel）…適量
大蒜（切片）…適量
月桂葉…適量
豬油…適量
葡萄酒醋醬汁※…10g
奶油…5g
鹽…0.3g
馬鈴薯泥…40～50g

※葡萄酒醋醬汁
材料（準備量）
白葡萄酒醋…85g
紅蔥頭（切末）…20g
雞高湯…200g

1 將材料全放入鍋裡，熬煮至100g為止。

作法

1 刀子沿著帶骨腿肉的骨頭下刀，如從骨頭上卸下般劃開，讓肉的厚度儘量保持均等。

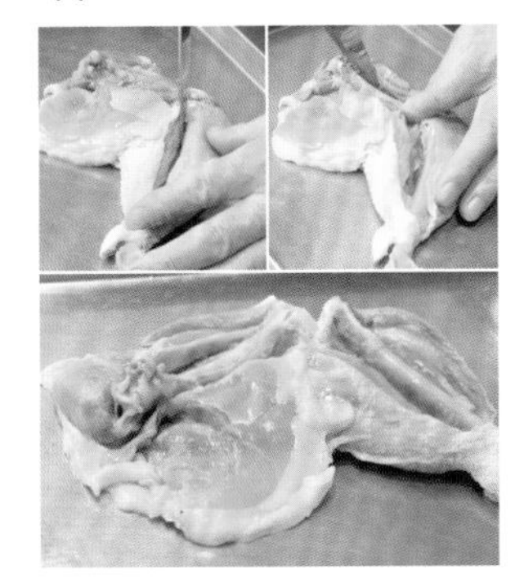

2 在肉上撒上鹽之花，貼上大蒜和月桂葉。皮面也同樣作業，蓋上保鮮膜以免變乾，冷藏醃漬一晚。

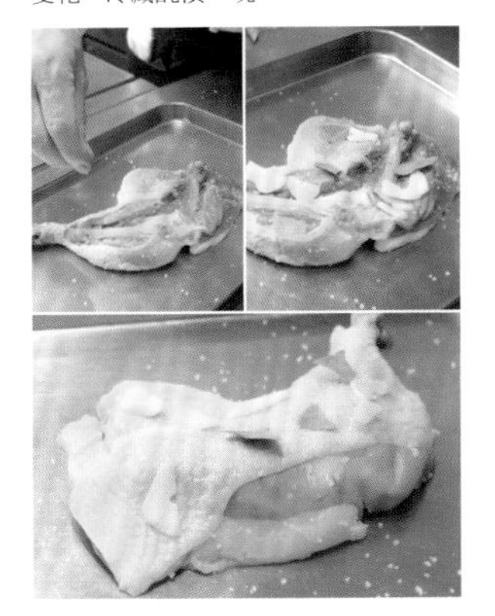

3 在鍋裡加熱豬油至85～90℃，將2的雞肉恢復原狀後再放入。要注意溫度若升高，肉會變硬，保持溫度約煮1個半小時。煮好後，以浸泡在油中的狀態保存。

4 提供時取出，修整形狀，用明火烤箱將皮面烤至恰到好處。

5 盛入容器中，倒入加奶油和鹽調味的葡萄酒醋醬汁，再放上馬鈴薯泥。

醃漬的技法

用酒醃透水果，讓水果和冰淇淋等更對味

卡布奇諾風味草莓

卡布奇諾風味草莓

十時 亨
「GINZA TOTOKI」店東兼主廚

草莓放入波特酒中醃漬，
提高在甜點中的存在感

用糖漿、波特酒、白葡萄酒等醃漬的手法，除了保留水果的新鮮感外，也能有效讓水果在盛盤甜點中，與其他冰淇淋和醬汁融為一體。這個技法還能添加水果的濕潤的口感，使酸味變柔和，所以，和醬汁、鮮奶油和巧克力等也會更加融合。這裡介紹的草莓，除了用波特酒醃漬外，蘋果、鳳梨用糖漿以真空包裝方式醃漬，或奇異果用白葡萄酒醃漬等，根據不同方法，能產生各種變化。「卡布奇諾風味草莓」是以波特酒醃漬的草莓作為主食材，配上草莓醬汁和開心果冰淇淋，並以馬斯卡邦起司打發的輕綿圓潤的鮮奶油融合整體。

材料

草莓…適量
波特酒…適量
草莓醬汁※…適量
開心果冰淇淋…適量
馬斯卡邦起司鮮奶油…適量
巧克力捲絲…適量
檸檬香蜂草枝…適量

※草莓醬汁
材料（準備量）
草莓庫利餡（Coulis）…500g
檸檬香蜂草（Lemon balm）…4根

1 在草莓庫利餡中放入檸檬香蜂草，煮沸後熬煮20分鐘，放涼後使用。

作法

1 草莓去蒂，放入波特酒中醃漬、靜置3小時。

2 在容器中鋪入草莓醬汁，盛入1的草莓，放上開心果冰淇淋，再放上馬斯卡邦起司鮮奶油。最後裝飾巧克力捲絲和檸檬香蜂草枝。

真空包裝醃漬的蘋果

蘋果和鳳梨用糖漿以真空包裝方式醃漬也很有趣。藉由滲透壓，糖漿在短時間內就能徹底滲透水果，果肉雖呈現透明感，但口感卻和新鮮的一樣。醃好的蘋果外觀如糖漬蘋果般，不過依然保有新鮮的爽脆口感。

在300ml水中，融入75g白砂糖，放涼後即完成糖漿。將切薄片的蘋果放入真空包裝用袋中，再倒入糖漿，真空包裝一封口，糖漿就滲透其中，使果肉變透明。

醃漬
的
技法
用黑胡椒麵團
包裹以
醃漬蔬菜

黑胡椒麵團醃蔬菜開胃菜

渡邊健善
「Les Sens」店東兼主廚

利用冷藏和烘烤的
2個階段，進行香味的醃漬

將經過煎烤香味變濃的黑胡椒粒混入麵團中，再用麵團緊密裹覆蔬菜來進行醃漬，不只香味，連辣味也滲入蔬菜中。因為黑胡椒沒有直接撒在蔬菜上，所以能享受到柔和的辣味與香味。用黑胡椒麵團裹住的小洋蔥、文蛤和新馬鈴薯，直接放入烤箱烘烤，所以即使在燜烤、加熱階段，香味仍持續滲入。食材包在麵團中燜烤後，新馬鈴薯熱乎鬆軟，小洋蔥的甜味增加，飽滿的蛤肉更加美味。
搭配的的荷蘭醬，是用芳香的橄欖油和白葡萄酒醋製成的輕爽醬汁。

材料

黑胡椒麵團※…適量
文蛤…1個
新馬鈴薯…1個
小洋蔥…1個
白葡萄酒…適量
低筋麵粉…適量
荷蘭醬（Hollandaise sauces）※
…適量

※黑胡椒麵團
材料
黑胡椒（整粒）…8g
高筋麵粉…120g
鹽…4g
蛋白…40g
水…30g

1 用平底鍋將黑胡椒煎烤出香味。胡椒粒比胡椒粉香味更濃，所以使用整粒的黑胡椒。取出後用食物調理機攪碎。
2 在鋼盆中混合1、高筋麵粉、鹽、蛋白和水，揉搓成麵團。揉成團後靜置鬆弛2小時。

※荷蘭醬
材料
白葡萄酒醋…30ml
蛋黃…2個
水…30ml
EXV橄欖油…50ml
鹽…適量
白胡椒（粒）…3～4粒
檸檬汁…少量
鹽…少量

1 整粒白胡椒輕輕碾碎，和白葡萄酒醋、蛋黃和水混合，一面隔水加熱，一面充分混合。慢慢加入橄欖油混合，使其乳化。
2 混合後加檸檬汁混合，用鹽調味。

作法

1 製作黑胡椒麵團。

2 在鍋裡放入文蛤，倒入白葡萄酒，略微加熱。

3 新馬鈴薯連皮直接放入鍋裡，用鹽水加熱約至七分熟，煮好後取出去皮。

4 小洋蔥用鹽水煮至約七分熟。

5 將黑胡椒麵團擀開，用黑胡椒麵團分別包裹新馬鈴薯和小洋蔥。文蛤剔除上殼，貝肉撒點白葡萄酒，用黑胡椒麵團包起來。在此狀態下，放入冷藏庫醃漬半天以上，讓麵團香味滲入菜料中。

6 從冷藏庫取出放在烤盤上，撒上低筋麵粉用170℃烘烤8分鐘。

7 黑胡椒麵團包住的文蛤、新馬鈴薯和小洋蔥，都切開麵團的上部後盛盤。佐配荷蘭醬，用茶濾撒上低筋麵粉。

泡菜醃牡蠣

泡菜醃牡蠣

渡邊健善
「Les Sens」店東兼主廚

用泡菜醃漬，
也活用醃漬液作為醬汁

二十日蘿蔔、紅蕪菁和紅心蘿蔔的紅色色素將會釋入醃漬液中，所以要和芹菜、小黃瓜和黑橄欖分別醃製，以不同香味和顏色的兩色醃漬液醃製泡菜。泡菜中保留了蔬菜的香味，蔬菜的甜味使泡菜酸味變柔和。再活用泡菜溫和的酸味、甜味與香味來醃漬牡蠣。泡菜和牡蠣一起食用時，能享受到牡蠣汁與滲入蔬菜的醃漬液香味融為一體的風味變化。最後，淋上泡菜液、蒸牡蠣湯汁和橄欖油混合製成的醬汁。用漂亮的土耳其藍日式容器盛盤，同時還能享受對比色彩的趣味。

材料

岩牡蠣…1個
泡菜2種※…適量
醃漬液※…適量
EXV橄欖油…適量

※泡菜2種
材料
a
　二十日蘿蔔（櫻桃蘿蔔）
　紅蕪菁
　紅心蘿蔔
b
　芹菜
　小黃瓜
　綠橄欖

※醃漬液
材料
香檳醋…100ml
水…85ml
砂糖…25g
鹽…4g
檸檬汁…少量

1 在鍋裡放入醃漬液的材料，加熱煮沸。煮沸後放入a的蔬菜。再煮沸後熄火，加蓋直接放涼。涼了之後放入保存容器中，放入冷藏庫醃漬1天以上。
2 和a的蔬菜一樣醃漬b的蔬菜。因a的蔬菜色素，醃漬液會變紅，所以a和b的蔬菜一定要分開放入保存容器中醃漬。

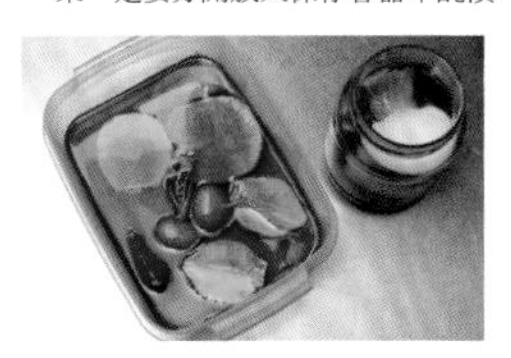

作法

1 岩牡蠣放入蒸鍋中蒸5分鐘。蒸好後打開殼，取出牡蠣肉。殼中剩餘的牡蠣汁保留在鋼盆中備用。

2 將2種泡菜切成3～4mm的小丁。

3 牡蠣肉放回殼中，用 2 覆蓋放入冷藏庫醃漬半天。

4 牡蠣汁和b的泡菜液以1比2的比例混合，再加EXV橄欖油充分混合。

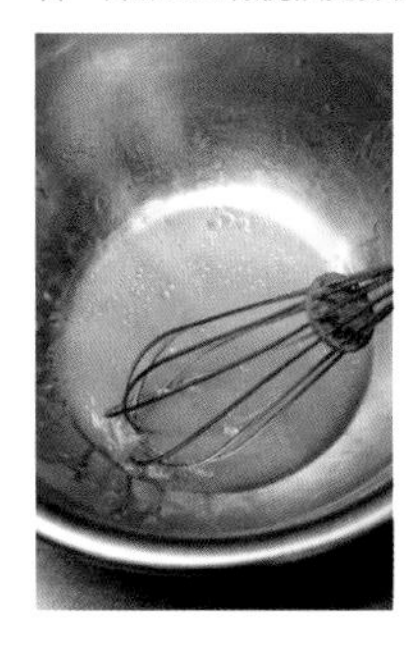

5 在盤中放入鹽，牡蠣連殼放入盤中，淋上 4 的醬汁，再淋上a的醃漬液。

醃漬的技法

用番茄清湯醃漬黑鯛魚

番茄清湯漬黑鯛

渡邊健善
「Les Sens」店東兼主廚

用55℃加熱
以保留番茄清湯的風味

我用廚房紙巾過濾番茄果肉，製成酸味溫和的甜番茄清湯，再將清湯與黑鯛風味融為一體，來突顯白肉魚的細緻甜味。為了讓淡淡的番茄風味加熱後也能保留下來，以55℃這種蛋白質凝固前的溫度加熱魚片後放涼。一面放涼，一面利用醃漬效果讓柔和的酸味和甜味滲入鯛魚中。

以番茄清湯醃漬好的鯛魚盛盤時，還加上乾番茄片和番茄粉。因此也能享受到將番茄乾燥濃縮後的對比風味。這道料理讓人充分感受到溫和加熱的黑鯛的柔軟口感和番茄的美味。它是夏季提供的菜色，配合時令我還加入番茄冰沙，希望讓顧客享受清爽的風味。

材料

黑鯛…1片（60～80g）
番茄…5大個
鹽…適量
迷你番茄…1個
番茄乾※…適量
番茄粉※…適量
番茄冰沙※…適量

※番茄乾
材料
番茄

1 番茄切薄片
2 將番茄排放在鐵板上，放入90℃的旋風蒸烤箱中烤3小時。

※番茄粉
材料
番茄乾…適量

1 番茄乾用研磨機粗略攪碎。

※番茄冰沙
材料
番茄果肉（過濾番茄清湯時剩餘的果肉）…適量
水…適量
砂糖…適量

1 在製作番茄清湯時剩下的果肉中加水稀釋。嚐味後，加砂糖增加甜味。
2 倒入容器中冷凍，用叉子刮搗成冰沙狀。

作法

1 製作番茄清湯。剔除番茄種子，用果汁機攪碎。

2 在鍋上放上濾網，濾網中鋪入廚房紙巾，倒入1，撒鹽靜置一晚。讓番茄湯汁濾存在鍋裡。濾網中剩餘的果肉作為番茄冰沙的材料。

3 黑鯛切成1人份60～80g。撒鹽靜置30分鐘備用。

4 在濾存番茄清湯的鍋裡，放入3的鯛魚開火加熱。煮至55℃後，保持55℃的溫度5分鐘後熄火，直接放涼。涼至微溫後放入冷藏庫靜置一晚備用。

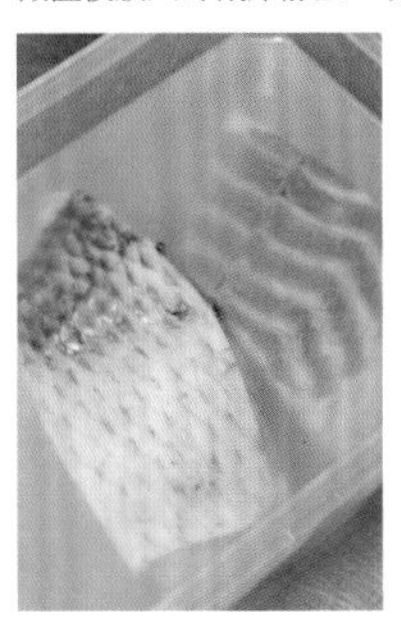

5 在盤裡盛入醃漬好的黑鯛。倒入番茄清湯。盛入切半的迷你番茄，再盛入番茄冰沙。放入番茄乾片，最後撒上番茄粉。

香漬胡蘿蔔

香漬胡蘿蔔

渡邊健善
「Les Sens」店東兼主廚

以胡蘿蔔香味
燜烤3種胡蘿蔔

這是以香味醃漬為主題的一道料理。料理從烤箱中取出後，盛入平底煎烤盤中，趁熱立刻上桌，在顧客面前才開袋。打開袋子的瞬間，顧客能享受到袋中散發出的香氣魅力。
紫、黃胡蘿蔔和胡蘿蔔是不同品種的胡蘿蔔，一面以胡蘿蔔高湯蒸烤，一面醃漬，讓香味更豐富有層次。胡蘿蔔葉也一起用Carta fata高級烹飪紙包起來，以便滲入更濃郁的胡蘿蔔香味。料理另外還搭配以新鮮胡蘿蔔磨泥製作的醬料。它是一道能讓人廣泛品味各種胡蘿蔔味道、風味和口感的料理。為了讓顧客享受胡蘿蔔味道與香味，烹調重點是不加多餘的調味料，只簡單的調味。

材料（1人份）

胡蘿蔔、紫胡蘿蔔、黃胡蘿蔔切5～7mm厚，胡蘿蔔葉…共80g
義式培根（Pancetta）…30g
EXV橄欖油…適量
胡蘿蔔高湯※…50g
胡蘿蔔調味醬※…適量

※胡蘿蔔高湯
材料（準備量）
胡蘿蔔…100g
高湯…100ml

1 在鍋裡放入高湯煮胡蘿蔔，胡蘿蔔煮軟後用果汁機攪碎。

※胡蘿蔔調味醬
材料（準備量）
胡蘿蔔…50g
雪利酒醋…7g
純橄欖油…30ml
鹽…適量
胡椒…適量

1 胡蘿蔔磨碎
2 在鋼盆中放入1和其他材料混合。

作法

1 在平底鍋中加熱橄欖油，放入胡蘿蔔、紫胡蘿蔔和黃胡蘿蔔輕輕拌炒。

2 在Carta fata高級烹飪紙中，放入1、胡蘿蔔高湯、切薄片的義式培根和胡蘿蔔葉後包起來，用專用器具固定，放入180℃的烤箱中烤10分鐘。

3 從烤箱中取出後，立刻連同Carta fata高級烹飪紙放入盤中提供，上桌時配上胡蘿蔔調味醬。

玫瑰和扶桑花漬水果

醃漬的技法

利用花精
進行醃漬

玫瑰和扶桑花漬水果

渡邊健善
「Les Sens」店東兼主廚

用花和香料增添
水果的清爽風味與甜味

水果的特色是具有清爽的風味與甜味。利用與水果不同甜香味的玫瑰花、與水果不同酸味的扶桑花，以及不同清爽感的小荳蔻醃漬，讓水果增添新的甜味和清爽感。柑橘類、瓜類和果實類等各式水果一起醃漬，一次能讓顧客品嚐到多樣豐富的香味。享用水果的同時，另附上味道溫潤，口中餘韻不絕的洋甘菊冰淇淋，使得醃漬水果的餘味更悠長。水果和花一起食用，還能享受豐盈的香味。和棉花糖一起盛盤，乍見料理的顧客，都會「哇」地發出驚喜聲。是一道能刺激視覺、嗅覺和味覺的甜點。

材料（1人份）

乾玫瑰花瓣…0.5g
玫瑰花（新鮮）…少量
洛神花…少量
小荳蔻…1g
白葡萄酒…100ml
水…400ml
砂糖…60g
Carabao芒果…2片
草莓…2個
蘋果…2片
文旦…2瓣
柳橙…2瓣
哈密瓜（Honey dew melon）…2片
奇異果…2片
葡萄柚…2瓣
洋甘菊牛奶冰淇淋※…適量
棉花糖…適量

※洋甘菊冰淇淋
材料
洋甘菊…10g
鮮奶…500ml
砂糖…85g

1 在鍋裡加熱鮮奶，加入洋甘菊。
2 將1開火加熱煮沸一下加砂糖，煮沸後熄火。直接放涼。
3 過濾去除洋甘菊，用帕可捷食品調理機（Pacojet）製成冰淇淋。

作法

1 製作醃漬液。用平底鍋乾炒小荳蔻。

2 在鍋裡放入水、白葡萄酒和砂糖，開火加熱煮到酒精揮發。

3 接著放入玫瑰花瓣、玫瑰花和洛神花煮沸一下。沸騰後熄火，置於常溫中放涼，涼了之後以冰水冷卻。

4 在保存容器中倒入醃漬液，放入切成適當大小的水果，放入冷藏庫醃漬1天。水果若醃漬3天以上水分會釋出，風味變差，1～2天內醃漬好的水果，吃起來味道較佳。

5 在玻璃杯中放入醃漬水果，盛入盤中。盤邊佐配放了玫瑰花瓣的棉花糖，再配上洋甘菊冰淇淋。

泥炭油醃鴿

泥炭油醃鴿

渡邊健善
「Les Sens」店東兼主廚

用低溫油，慢慢在肉上燻製出泥炭的香味

燻製威士忌時會用到泥炭（Peat）。這盤料理是以泥炭香醃漬過的鴿肉，和內臟一起盛盤，再裝飾上稻草，不論外觀和味道都充滿了野趣。
我先用泥炭將花生油燻製出香味，製成具有泥炭獨特風味與煙燻香味的醃漬用泥炭油，再用該油慢慢地醃漬鴿肉，鴿肉中便能融入香味。鴿肉醃漬好後，也是用55℃的低溫慢慢地油封烹調，一面活用泥炭獨特的香味，一面突顯味道濃厚鴿肉的肉質。鴿肉經過油封烹調後，能呈現柔軟口感的理想火候。此外泥炭油和鴨肉也非常的對味，因此也能用來烹調鴨肉。

材料（1人份）

鴿…1隻
泥炭油※…適量
鴿心…1隻份
鴿肝…1隻份
鴿里肌…1隻份
給宏德（Guerande）的鹽…適量
紅色嫩葉…適量
鹽…適量
胡椒…適量

※泥炭油
材料（準備量）
泥炭粉…適量
花生油…300ml
煙燻木屑…適量
砂糖…適量

1 在中式炒鍋裡鋪入鋁箔紙，鋁箔紙上放上燻製用泥炭粉（下圖）、煙燻木屑和砂糖。
2 在備妥的鋁箔紙上放上網架，上面放上鋼盆，鋼盆裡倒入花生油。在中式炒鍋上蓋上大鋼盆。
3 點火讓燻料冒煙。用大火燻2分鐘，中火燻5分鐘。讓花生油中有香味，製成泥炭油。

作法

1 鴿肉清理乾淨，心、肝和里肌，與肉分開備用。在肉上撒鹽和胡椒醃漬。放在常溫下靜置1～1個半小時。

2 將1的鴿肉等全浸泡在泥炭油中，放入冷藏庫醃漬一晚。

3 醃漬好的鴿肉直接開火加熱。保持55℃慢慢加熱30分鐘。鴿心、里肌和肝也同樣放在泥炭油中，以55℃加熱30分鐘。

4 取出油封烹調好的鴿肉，用平底鍋只煎烤皮面。

5 在盤中鋪入稻草，上面盛入4的鴿肉。在鴿肉上撒上給宏德的鹽。盛入油封烹調好的鴿心、里肌和肝。均勻淋上泥炭油，最後加上紅色嫩葉。

劍旗魚乾

劍旗魚乾

今井 壽
「Taverna I」店東兼主廚

以「醃漬→乾燥」的技法
呈現生火腿般的風味

我將義大利艾米利亞．羅馬涅（Emilia-Romagna）大區和托斯卡納地區常見，以牛肉乾燥製成的保存食品「風乾牛肉（Bresaola）」，改用劍旗魚來製作。烹調重點是徹底去除形成魚肉腥臭味的魚皮和血合肉。為了去除劍旗魚的水分，先在表面抹鹽靜置2天，再用紅葡萄酒醃漬2天，之後放入冷藏庫乾燥5天的時間，是一道雖然費時，烹調作業程序卻很單純的料理。用紅葡萄酒醃漬時，除了放在淺鋼盤中覆蓋保鮮膜的方法外，也可以採用真空包裝醃漬法。我用較多的檸檬油，搭配切薄片的劍旗魚。檸檬風味使劍旗魚的鹹味變得更圓潤。與切絲蔬菜一起盛盤，還能表現對比的口感。

材料（準備量）

劍旗魚…1kg
鹽…適量
紅葡萄酒…500ml
紅心蘿蔔…適量
菊苣…適量
義大利巴西里…適量
檸檬油…適量

作法

1

劍旗魚去皮，剔除血合肉。在表面抹鹽，包上保鮮膜放入冷藏庫靜置2天。

2 用流水洗掉劍旗魚的鹽，用廚房紙巾擦除水分。

3

在淺鋼盤中放入 2 的劍旗魚，倒入紅葡萄酒，蓋上保鮮膜，放入冷藏庫靜置2天。1天後將劍旗魚翻面。

4
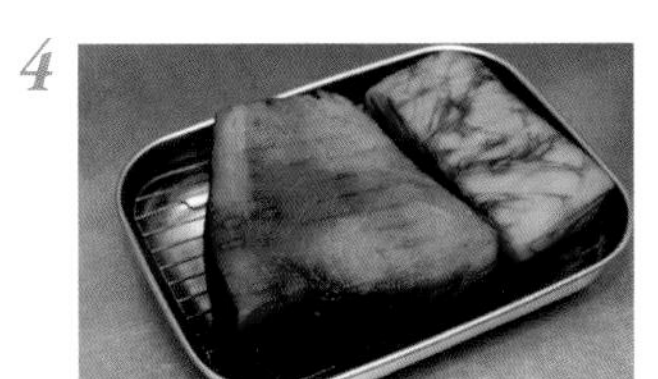
用廚房紙巾擦除魚肉表面的紅葡萄酒，放在網架上，放入冷藏庫冰乾5天以上。

5
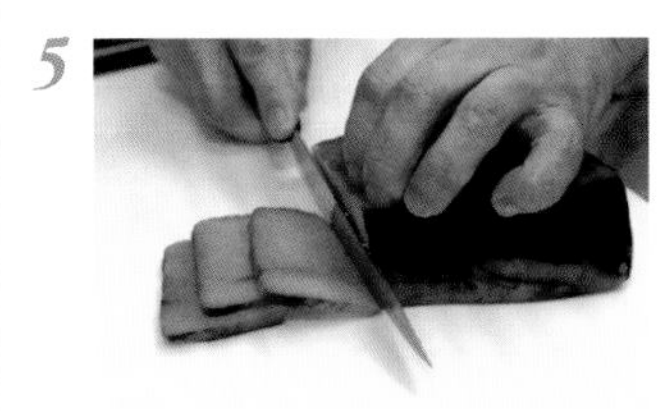
將切薄片的劍旗魚、紅心蘿蔔和菊苣盛入盤中，裝飾上義大利巴西里，從上均勻淋上檸檬油。

醃漬的技法

用濾過的
番茄糊醃漬

義式生牛肉

今井 壽
「Taverna I」店東兼主廚

活用番茄的酸味醃漬，使肉質軟嫩可口

這是在義大利羅馬地區經常食用，用番茄醃漬生牛肉的簡單料理。牛肉使用無油的紅肉部分；番茄採用富酸味、水分少的品種。也可以使用整顆的番茄罐頭。切好的肉片事先拍軟備用，經過3～4個小時醃漬後，會變得更柔軟、更易食用。番茄醃漬液中還活用奧勒崗的風味，所以這道料理連醃漬液都能食用。這次的配菜我雖然使用瑞可達起司，不過它和莫札瑞拉或馬斯卡邦等乳脂般的起司也非常對味。增添紅肉濃厚鮮味的是迷你番茄和薄荷。薄荷並非作為裝飾用，而是用來增添風味。以迷你番茄增加口感與甜味，用薄荷增添清涼感。

材料（準備量）

牛後腿肉…360g
番茄…180ml
大蒜…1瓣
乾奧勒崗…少量
白葡萄酒…90ml
EXV橄欖油…30ml
瑞可達（Ricotta）起司…100g
薄荷…適量
迷你番茄…適量
鹽…適量
胡椒…適量

作法

1

牛後腿肉分切成一片30g，用肉錘拍薄。

2

牛肉排放在淺鋼盤中，勿重疊，在表面撒上鹽和胡椒，淋上白葡萄。

3 已泡熱水去皮的番茄用磨濾器磨碎，和切末的大蒜、乾奧勒崗和EXV橄欖油混合。

4
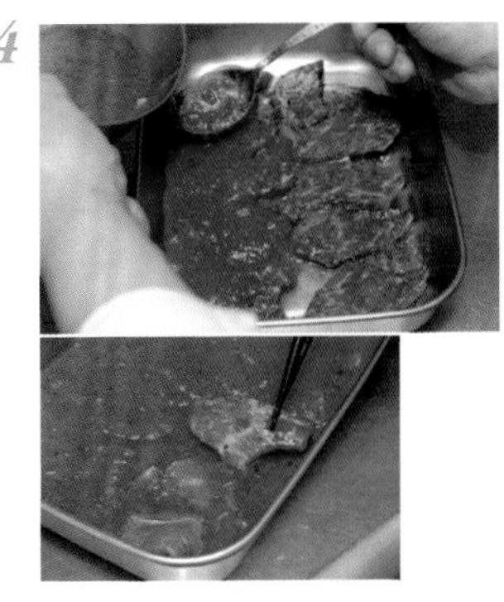
在2上淋上3，蓋上保鮮膜，放入冷藏庫醃漬3～4小時。經過1小時後，將肉翻面。

5 在盤中排放上4的肉，淋上醃漬醬。裝飾上撕碎的瑞可達起司，和切好的迷你番茄及薄荷。

油封珠雞

油封珠雞

今井 壽

「Taverna I」店東兼主廚

醃漬後放入冷藏庫
變乾後再烘烤

這道料理使用肉質柔軟，稍具野性風味的珠雞。先將連皮生薑、洋蔥等和雞高湯煮沸，熄火後再放入珠雞邊燜，邊醃漬。隨著溫度下降，生薑、洋蔥的風味也滲入肉中，煮出雞肉豐潤多汁。再把雞肉放入冷藏庫一晚，使肉質變乾緊縮，這樣味道也會更濃郁。以橄欖油油封烹調時，從低溫開始就放入珠雞慢慢加熱，這樣肉質才不會變硬。配菜最好使用讓油分吃起來爽口的食材。這次我是使用油封蘋果，建議也可使用新鮮桃子或西洋梨。

材料（4人份）

珠雞帶骨腿肉…4支
鹽…珠雞整體量的1%
胡椒…少量
雞高湯…2L
洋蔥…200g
生薑…15g
黑胡椒（粒）…15粒
月桂葉…1片
純橄欖油…適量
蘋果…適量
迷迭香…1枝
迷你番茄…1個
粉紅胡椒…適量
EXV橄欖油…適量

作法

1

在珠雞帶骨腿肉的表面塗上鹽和胡椒，靜置一晚備用。

2 在鍋裡放入雞高湯、切片洋蔥、生薑和黑胡椒，裡面再放入烤好的月桂葉，放入相對於高湯2%的鹽（40g），開大火加熱。

3

煮沸後熄火，放入1的珠雞，加蓋直接靜置30分鐘。

4

去蓋涼至微溫後，取出珠雞用廚房紙巾擦去表面的水分。

5

將珠雞放在網架上，直接放入冷藏庫晾乾一晚。

6

在平底鍋中放入大量純橄欖油和珠雞，開火加熱至160℃約油封7～8分鐘直到珠雞肉上色。

7 用6的油，油封去皮、切片的蘋果。

8 在盤中盛入珠雞和蘋果，放上迷迭香和番茄。上面再撒上粉紅胡椒，最後淋上EXV橄欖油。

醃漬的技法

用巴薩米克醋和
真空包裝方式
讓起司徹底醃透

巴薩米克醋風味的帕瑪森起司

今井 壽

「Taverna I」店東兼主廚

醃漬過的巴薩米克醋
也可熬煮作為醬汁

這道是只用巴薩米克醋，醃漬含水量少的硬起司3～5天即完成的簡單料理。它是著名的義大利家常料理。起司直接切薄片，佐配和巴薩米克醋極對味的草莓，本店提供作為葡萄酒的下酒菜。醃漬過的巴薩米克醋中，因融入起司的風味，熬煮後還能作為義式牛排（Tagliata）的醬汁等。這次我雖組合帕瑪森起司和巴薩米克醋，不過相同的食譜，建議也可以用紅葡萄酒醃漬羅馬羊乳起司（Pecorino Romano）。此外，在醃漬用的巴薩米克醋中，也能加入柳橙或生薑片來提升風味等，做各式各樣的變化。

材料（準備量）

帕瑪森起司（塊）…500g
巴薩米克醋…360ml
草莓…2個
紫葉菊苣（Radicchio）…適量
薄荷…適量
黑胡椒…適量
EXV橄欖油…適量

作法

1

將帕瑪森起司和巴薩米克醋放入袋裡，採真空包裝醃漬3天。放入淺鋼盤中，以蓋著保鮮膜的狀態，再醃漬5天。

2 在容器中盛入厚切的起司片，切好的草莓和紫葉菊苣。上面撒上黑胡椒和淋上EXV橄欖油，最後裝飾上薄荷。

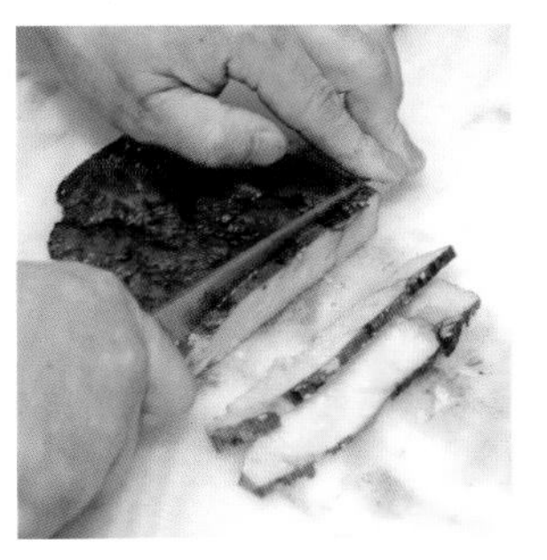

法式芥末醬醃章魚

法式芥末醬醃章魚

今井 壽

「Taverna I」店東兼主廚

為避免味道單調
用魚露增加鹹味與風味

我希望酸味法式芥末醬也能作為義式生肉冷盤的醬汁，於是設計出這道獨創醃漬料理。我將巨型章魚切薄片，以利醃漬液滲透，同時也保留章魚的口感。醃漬液中混合少量作為鹽分的魚露，以及能提引整體風味的Tabasco辣醬，使料理味道更富層次。醃漬時間大約只有20分鐘，短暫醃漬也是製作的要點。雖然原本法式芥末醬的辣味很淡，不過混合後，刺激的辣味也成為重點風味之一。使用鰤魚或鰆魚等清淡的白肉魚來取代章魚也很合味。因料理有酸味，我設計作為前菜料理。

材料（1人份）

北太平洋巨型章魚…120g
法式芥末醬…3大匙
魚露…2小匙
Tabasco辣醬…5滴
酸豆…適量
番茄…2個
義大利巴西里…適量
EXV橄欖油…適量

作法

1 北太平洋巨型章魚剔除吸盤和皮，切薄片。

2 在鋼盆中放入法式芥末醬、魚露和Tabasco辣醬混合。

3 

在2中放入1混合，蓋上保鮮膜，約靜置20分鐘。

4 用廚房紙巾擦除表面的醃漬液。

5 在盤中盛入4的章魚和番茄，配上酸豆。裝飾上義大利巴西里，均勻淋上EXV橄欖油。

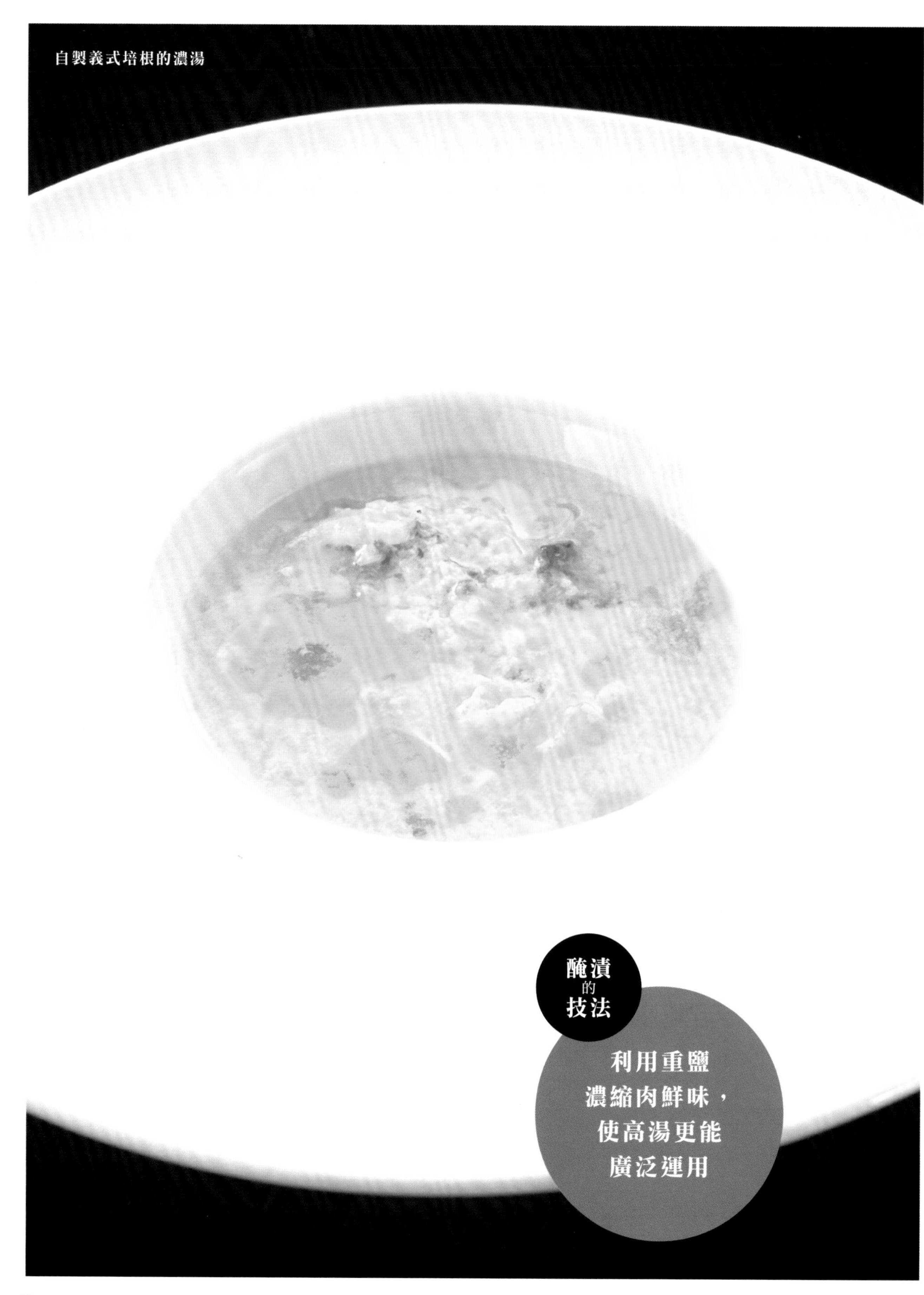
醃漬的技法
利用重鹽
濃縮肉鮮味，
使高湯更能
廣泛運用

自製義式培根的濃湯

石崎幸雄

「CUCINA ITALIANA ATELIER GASTRONOMICO DA ISHIZAKI」店東兼主廚

為避免醃肉表面的鹽影響味道，需確實擦除鹽粒再烹調

義式培根是用豬腹肉以重鹽、香草和香料醃漬，紅肉部分顏色變暗沉後即完成。其濃郁的鮮味，除了能用於燉煮料理或義大利麵外，還能廣泛運用作為各式料理的材料。這次的濃湯，我使用新鮮而非乾燥的香草，以及香味溫和的義式培根來製作。基本上，義式培根大多加熱後才使用，不過吊掛在通風良好，一定溫度的地方熟成約3週後，也能夠直接食用。這道以義式培根作為菜料的濃湯，是羅馬的傳統家庭料理。湯裡可加豆子，或加香炒過的牛乾菌或薄松露片也很美味。也可以在容器中放入泡過油的蝦子，直接注入這道熱濃湯。

自製義式培根

材料（準備量）

豬腹肉…4kg
鹽…肉重量的4%
香草・香料…黑粒胡椒、肉荳蔻、迷迭香（新鮮）、龍蒿（新鮮）、百里香（新鮮）、月桂葉（新鮮）
…共計與鹽等比例

作法

1 準備能放入一片豬腹肉大小的淺鋼盤，混合鹽和香草、香料，將混合好的半量撒入淺鋼盤中。

2 上面放上豬腹肉，油脂面朝上，上面再撒上剩餘的鹽和香草、香料後揉搓。

3 放入冷藏庫醃漬5～6天，紅肉部分略變暗沉即完成。

自製義式培根的濃湯

材料（5盤份）

義式培根（作法見P.51）…100g
洋蔥…150g
肉高湯…400ml
乾麵包粉…50g
帕瑪森起司…50g
全蛋…1個
鹽…適量
胡椒…適量
EXV橄欖油…適量

作法

1 義式培根切成1cm厚。用沾濕的廚房紙巾擦除醃漬處的鹽。邊端和側面都沾有許多鹽，那些地方的鹽也要擦除。

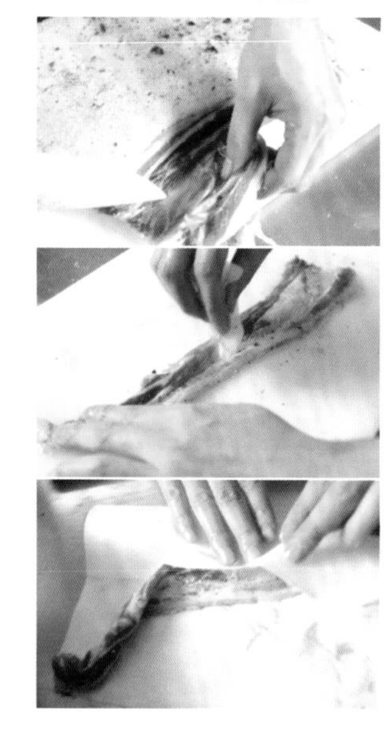

2 將肉切成約2cm的小丁。

3 在鍋裡加熱橄欖油，拌炒切片洋蔥。洋蔥變軟後，加入2的義式培根拌炒。

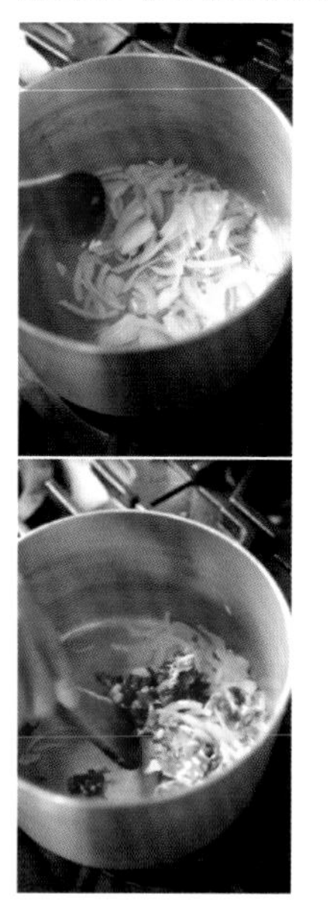

4 洋蔥充分拌炒後，倒入高湯約煮30～40分鐘，加鹽和胡椒調味。

5 在鋼盆中混合麵包粉、磨碎的帕瑪森起司、全蛋和胡椒。

6 將濃湯的鍋子熄火，加入 5，用打蛋器混勻即完成。

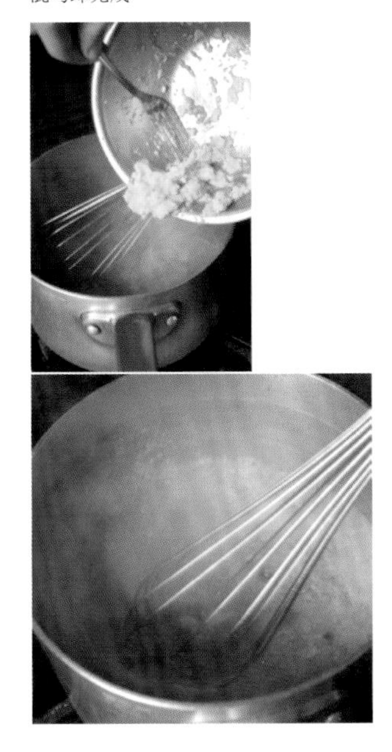

醃漬的技法

醃漬液
也作為煮汁
再製成醬汁

燉五花肉

石崎幸雄

「CUCINA ITALIANA ATELIER GASTRONOMICO DA ISHIZAKI」店東兼主廚

根據醃漬液中所用的紅葡萄酒濃度，能改變醬汁的味道

我用調味蔬菜和紅葡萄酒醃漬，來突顯豬腹肉的美味，混入肉汁的醃漬液，也活用於豬腹肉的煮汁中。我會預先將切大塊的豬腹肉煮軟至某程度，提供時只分切所需分量，再燉煮。燉煮後的煮汁倒入果汁機中攪打，就成為細滑的醬汁。含大量蔬菜和肉脂的濃稠醬汁，也充分裹覆在最後一起燉煮的馬鈴薯上，使馬鈴薯更美味。若想讓料理風味更濃厚，醃漬時所用的紅葡萄酒，可選擇風味濃郁的產品。

材料（準備量）

豬腹肉…300g
胡蘿蔔…100g
洋蔥…100g
芹菜…80g
大蒜…1瓣
月桂葉…1片
紅葡萄酒…500ml
高湯…適量
菜肉高湯（Sugo di carne）…適量
水煮番茄…100ml
馬鈴薯…1個（1盤份）
黑粒胡椒…適量
鹽…適量
橄欖油…適量

作法

1 將豬腹肉塊切成約10cm厚。

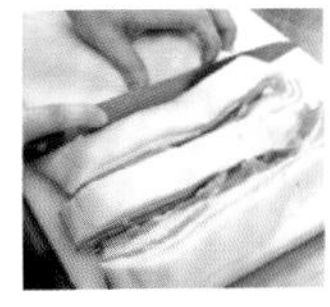

2 將胡蘿蔔、洋蔥和芹菜切末。在鋼盆放入豬肉，混合各種切末蔬菜的半量，均勻放到豬肉上，如按壓般讓蔬菜和肉混合。

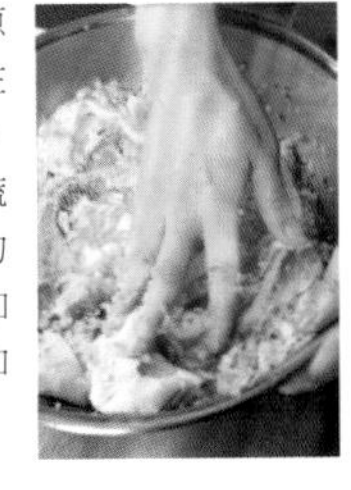

3 加紅葡萄酒和月桂葉，放入冷藏庫醃漬一整天。

4 取出醃漬好的豬肉，擦除表面的醃漬液。在平底鍋中加熱橄欖油，將豬肉表面煎至上色。豬肉勿煎熟，只要表面上色即可。可活用醃漬液作為煮汁。

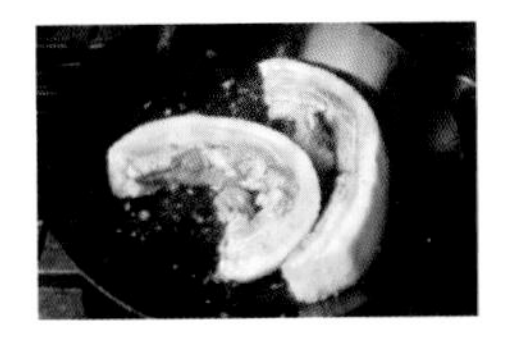

5 在平底鍋中加熱橄欖油，拌炒切末的大蒜。散出香味後，加入剩餘的切末胡蘿蔔、洋蔥和芹菜拌炒。充分拌炒以提引蔬菜的甜味和鮮味。

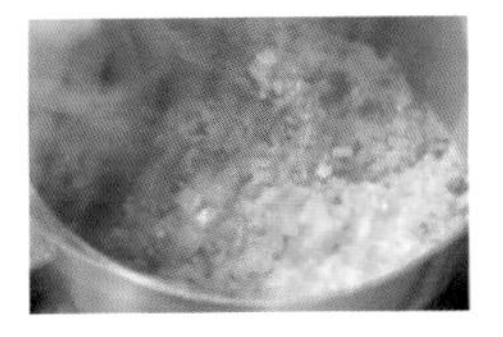

6 加入已上色的豬肉，再加豬肉醃漬液、高湯、菜肉高湯、壓碎的水煮番茄，以中火約燉煮2～3小時。途中，若有浮沫需撈除。

7 豬肉煮軟後，加鹽和胡椒調味。

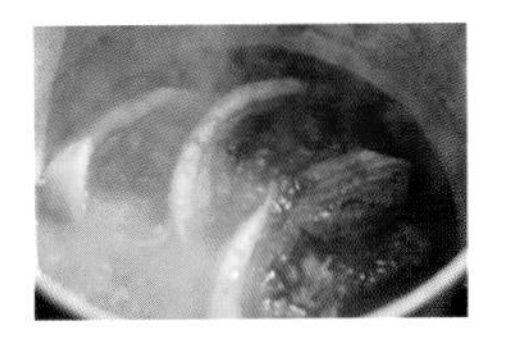

8 取出豬肉，從煮汁中取出月桂葉，剩餘的全部倒入果汁機中攪打，攪打成細滑狀態。

9 豬肉切成易入口大小，和用果汁機攪打的醬汁一起再燉煮。這時，混合切半的馬鈴薯用小火燉煮。馬鈴薯煮軟後即完成。

紅酒煮牛頰肉

紅酒煮牛頰肉

石崎幸雄
「CUCINA ITALIANA ATELIER GASTRONOMICO DA ISHIZAKI」店東兼主廚

肉處理後減少縮幅，醃漬讓肉質變軟

這道料理是將肉纖維紮實的牛頰肉醃漬後再燉煮。為了讓肉經長時間燉煮完成後，仍能呈現醃漬效果，牛頰肉須事先處理過。用雙手如揉鬆肉纖維般揉搓，兩手拇指像按摩般按壓。這樣處理過後，不僅肉較易入味，而且醃好的肉也不易縮。再加上，醃漬分2階段進行。最初用紅葡萄酒和香味蔬菜醃漬。第一階段混合亂刀切的洋蔥、胡蘿蔔和大蒜，一面進行香味醃漬，一面讓肉也增添紅葡萄酒的風味。將大蒜混合水分多、香味新鮮的蔬菜，儘量勿用乾燥品。接著，在這個醃漬液中加入整顆番茄和水，加鹽和胡椒調味，用小火燉煮牛頰肉約9小時。從煮汁中剔除迷迭香和月桂葉，用果汁機攪打成醬汁，接著倒回牛頰肉保存，讓醬汁的風味滲入肉中。

材料（準備量）

牛頰肉…4片（1片340g）
鹽（聖誕島的鹽）…適量
黑胡椒…適量
大蒜…1瓣
月桂葉…2～3片
迷迭香…1枝
黑胡椒粒…20粒
胡蘿蔔…1根
洋蔥…1個
紅葡萄酒…750ml
番茄整顆…適量
1盤份
紅酒煮牛頰肉…4片
紅酒煮牛頰肉的醬汁…適量
檸檬圓片…5片
黑胡椒…適量
血橙果醬…適量
帕瑪森起司…適量
迷迭香…適量

作法

1 牛頰肉切除多餘的油脂。油脂並非完全切除，只保留披覆程度即可。保留的筋膜燉煮時能產生膠質。

2 加鹽和胡椒。因聖誕島的鹽很鹹，所以加入不到肉重量的1%的分量即可。

3 用雙手揉搓，拇指如按摩般的感覺充分揉搓肉。揉搓作業後，用紅葡萄酒醃漬時，肉只會縮小一點。

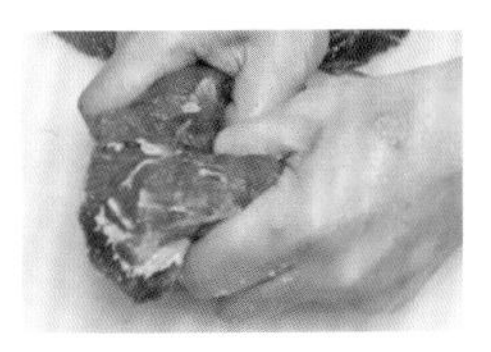

4 在深容器中放入揉搓過的牛頰肉，倒入紅葡萄酒，分量約能蓋過牛頰肉即可。

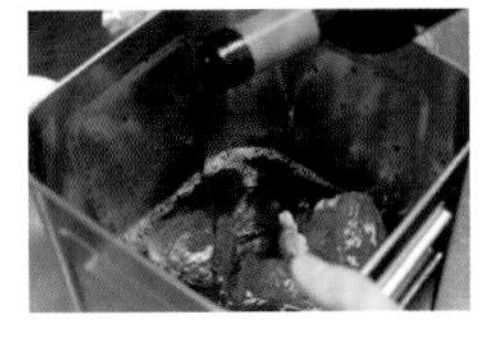

5 加入大蒜、亂刀切塊的去皮胡蘿蔔和洋蔥，也搓碎月桂葉加入，再加迷迭香和黑胡椒粒，醃漬一晚。醃漬液之後還要作為醬汁，所以不使用香味濃的芹菜。

6 醃漬液中加入整顆番茄和水，加鹽和胡椒，以小火約燉煮牛頰肉9小時。從煮汁中取出迷迭香和月桂葉，倒入果汁機中攪打成醬汁，再倒回牛頰肉醃漬。

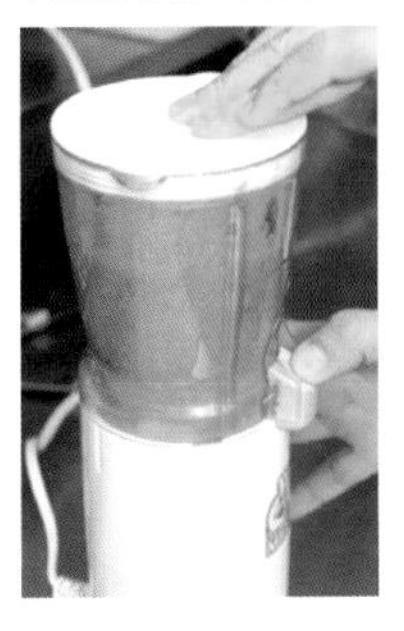

7 根據點單，用鍋加熱醬汁和牛頰肉。醬汁熬煮後，用菜肉高湯（分量外）稀釋調整濃度。

8 在盤中放入檸檬圓片，盛入分切好的牛頰肉，裝飾上黑胡椒、血橙果醬、磨碎的帕瑪森起司及迷迭香。

醃漬的技法

以真空包裝和脫氣模式，短期時便能完成

自製仔豬生火腿

石崎幸雄
「CUCINA ITALIANA ATELIER GASTRONOMICO DA ISHIZAKI」店東兼主廚

鹽漬→乾燥→熟成的傳統手法，運用最新機器4～5天便能完成

通常，需鹽漬多日，經數月乾燥、熟成才能完成的生火腿，利用有脫氣模式（可控制庫內氣壓高低，讓食材釋出水分的設定）的真空包裝機，短期間內就能完成。我用綜合鹽醃漬國產仔豬帶骨腿肉時，也是利用真空包裝方式一晚就讓它入味。之後，反覆利用脫氣模式，讓腿肉慢慢釋出水分，最後再以真空包裝讓它鬆弛2～3天。真空包裝時，放入洋蔥、檸檬皮或香草類等，也能變化火腿的風味。

材料（準備量）

國產仔豬帶骨腿肉…1支（約1kg）
蘇打水…適量
粗鹽…肉重量的10%
綜合鹽※…肉重量的1%
白葡萄酒…適量

※綜合鹽
材料（準備量）
聖誕島的鹽…50g
上白糖…28g

1 將鹽和砂糖充分混合。

1盤份
自製生火腿…5～6片
帕瑪森起司…適量
黑胡椒…適量
牛角麵包…1/4個
橄欖油…適量

作法

1 仔豬帶骨後腿肉去皮，剔除油脂部分。

2 剔除蹄和腿肉根部稱為坐骨的骨頭，用蘇打水浸泡約15分鐘。途中，將腿肉翻面。

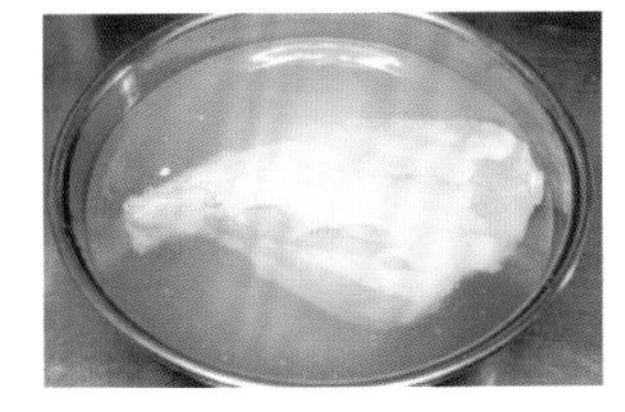

3 從蘇打水中取出腿肉後，用廚房紙巾擦除水分，整體抹上粗鹽，讓腿肉醃在鹽中15分鐘。

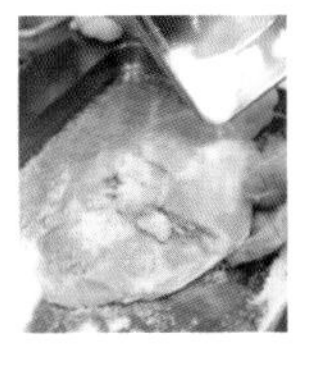

4 在鋼盆中盛水，倒入增加香味程度的白葡萄酒，用此水清洗腿肉15分鐘。

5 用廚房紙巾徹底擦乾水分，在整體上撒上綜合鹽，控制氣壓80秒，放在包裝袋中進行40秒真空包裝。直接放入冷藏庫鬆弛一晚。

6 隔天從袋中取出，在常溫中靜置15分鐘，讓腿肉恢復常溫。

7 回到常溫後，用廚房紙巾徹底擦除水分。用廚房紙巾或白布捲包後，放在淺盤上，用真空包裝機的脫氣模式處理。

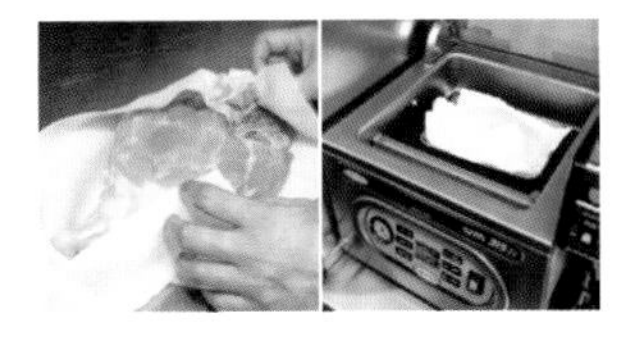

8 用脫氣模式讓腿肉釋出水分。脫氣模式處理後，拿掉捲包的廚房紙巾，用廚房紙巾徹底擦除釋出的水分，靜置15分鐘。

9 接著，腿肉不包廚房紙巾，直接再以脫氣模式處理。脫氣模式結束後，用廚房紙巾徹底擦除水分。這項9的作業再進行3～4次。

10 徹底擦除腿肉在脫氣模式後釋出的水分，再進行真空包裝，放入冷藏庫鬆弛3～4天。

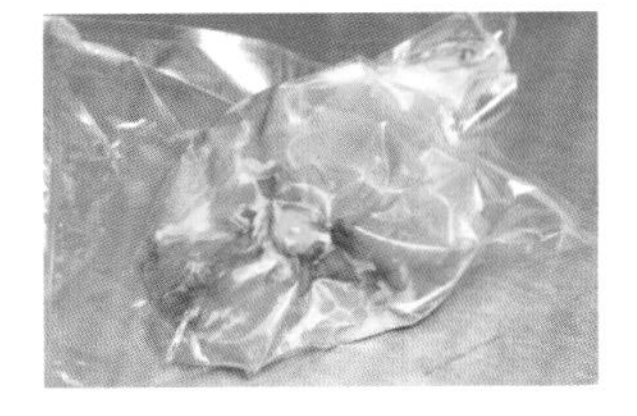

11 從袋中取出，切片盛盤。剩餘的部分也儘早食用完畢。

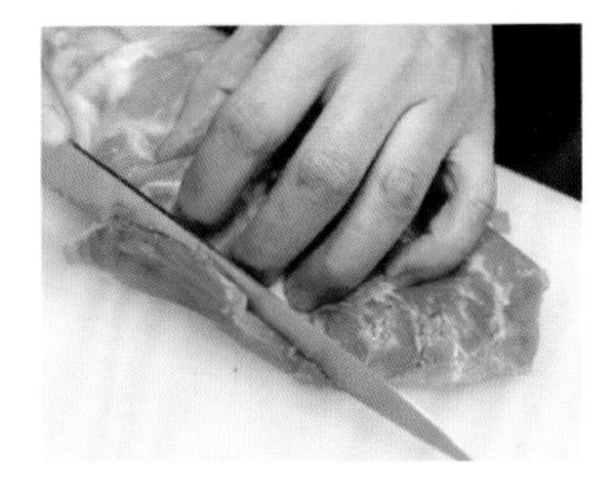

醃漬的技法
重點放在香味上，
用新鮮香草醃漬
工夫烤鴨

工夫烤鴨

石崎幸雄
「CUCINA ITALIANA ATELIER GASTRONOMICO DA ISHIZAKI」店東兼主廚

反覆「烘烤→鬆弛」，活用醃漬香味來烘烤

醃漬鴨胸肉的主要目的是增加香味，所以只要撒入少量鹽。鴨肉烘烤後，為了充分呈現醃漬的風味，要像P.56的牛頰肉般，用手揉搓醃漬好的鴨胸肉，讓肉鬆弛後再烘烤。醃漬過的肉易烤焦，這點需留意，我先用平底鍋以高溫煎烤後，再放入270℃的烤箱中烤40秒，取出放在溫暖處鬆弛1分鐘。「烘烤→鬆弛」這樣的作業反覆進行10次。透過緩慢加熱來鎖住鴨的肉汁，同時保留淡淡的醃漬風味。醃漬時混合香草、果實和紅葡萄酒製成醬汁，讓顧客每次咀嚼鴨肉時，都能享受到柳橙、香草的柔和香味餘韻。

材料（準備量）

鴨胸肉（青森產巴爾巴利種（Barbarie））…2片
鹽…少量
黑胡椒…適量
奧勒崗（新鮮）…適量
迷迭香（新鮮）…適量
義大利巴西里（新鮮）…適量
小田原產檸檬…適量
小田原產橘子…適量
橄欖油…適量
1盤份
烤鴨胸肉…1/2片份
紅葡萄酒醬汁※…適量
小田原產橘子（切圓片）…1片
牛角麵包…1/4個
奧勒崗（新鮮）…適量
迷迭香（新鮮）…適量
百里香（新鮮）…適量
黑胡椒…適量

※紅葡萄酒醬汁
材料（準備量）
紅葡萄酒…80ml
洋蔥（切末）…80g
百里香…適量
迷迭香…適量
肉荳蔻…少量
肉桂…適量
柳橙（果肉）…1個份
柳橙汁…40ml
小牛高湯（Fond de Veau）…120g
奶油…30g
鹽…適量
胡椒…適量

1 洋蔥用奶油（15g）充分拌炒。炒好後，加香草、香料和柳橙果肉混合。
2 加紅葡萄酒，熬煮剩一半的分量。
3 加小牛高湯和柳橙汁，再熬煮到剩一半的分量。
4 加鹽和胡椒調味後，過濾。
5 過濾的醬汁開火加熱，加奶油（15g）增加濃度。

作法

1 鴨胸肉剔除粗筋，切下鴨柳（鴨里肌肉）部分。

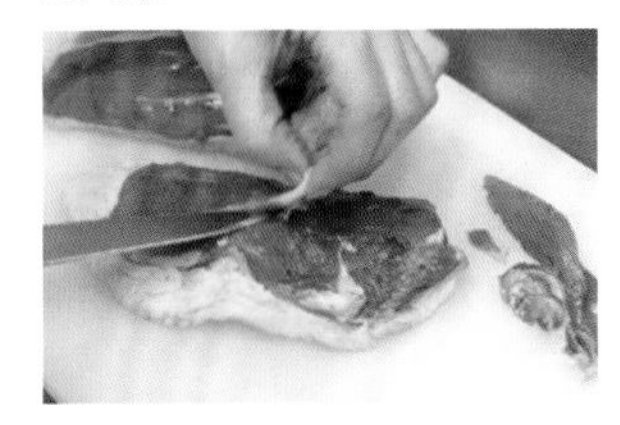

2 皮面用刀劃格子狀切痕。因為用高溫烘烤，所以稍微切深一點。

3 在淺鋼盤中放入鴨柳和皮面朝上的鴨胸肉，撒少量鹽。鴨柳上撒少量黑胡椒，胸肉上撒大量黑胡椒。

4 用手一面撕碎奧勒崗和迷迭香，一面放到鴨胸肉上。也用手揉碎義大利巴西里放到肉上。切圓片的檸檬和橘子，稍微擠些果汁在鴨胸肉周圍後，水果圓片放在周圍備用。若直接放在肉上，會讓肉變色，所以要放在周圍。

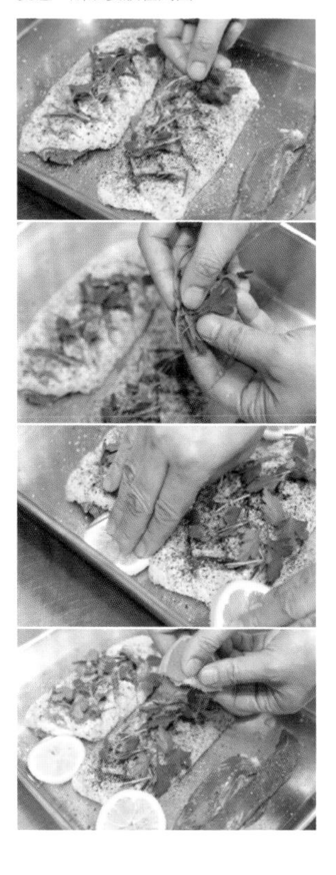

5 整體稍微淋上橄欖油，蓋上保鮮膜，讓保鮮膜密貼材料，放入冷藏庫醃漬4個半小時。

6 醃漬好的鴨胸肉，剔除上面的香草類，用手揉搓肉。肉經過揉搓後，烘烤時縮幅極微。

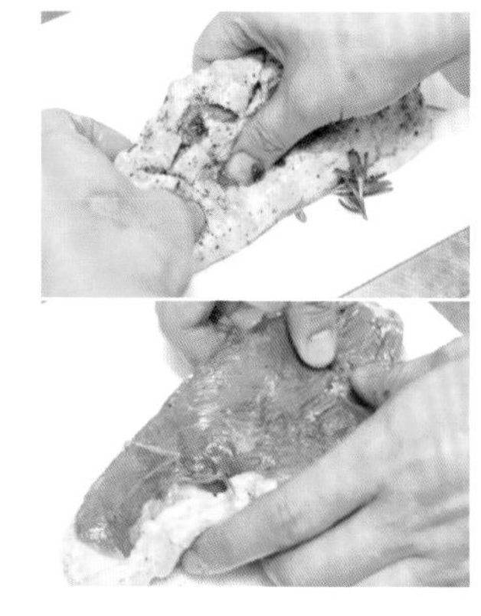

7 在平底鍋中加熱少量橄欖油。將皮面撒少量鹽的鴨胸肉，皮面朝下煎烤。從上再撒少量鹽。

8 加入奶油，一面用湯匙舀取平底鍋的油澆淋肉，一面只煎烤皮面。

9 皮面充分煎烤後，皮面朝上放入鐵盤中，用270℃的烤箱烘烤40秒。從烤箱取出後，放在溫暖處靜置1分鐘。這樣的作業重複10次。提供前準備工作至此備用。

10 提供前，將烤過的鴨胸肉放入高溫烤箱中加熱20～30秒。

11 在盤中盛入香草、橘子圓片和牛角麵包，淋上紅葡萄酒，最後撒上黑胡椒。

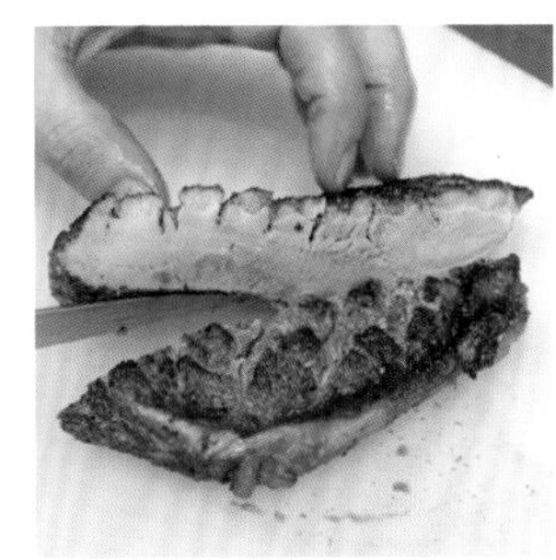

醃漬的技法

綜合鹽→再用香草，層疊醃漬

二漬鮭魚

二漬鮭魚

石崎幸雄
「CUCINA ITALIANA ATELIER GASTRONOMICO DA ISHIZAKI」店東兼主廚

組合提引鮭魚甜味及
增加香味的醃漬作業

這道極費工夫的鮭魚醃漬料理，是具代表性的醃漬料理之一。雖然一次醃漬就能完成，但我將它分成兩個階段。剛開始抹上綜合鹽，除去鮭魚的水分，醃漬的特色是提引甜味和鮮味。接下來進行的醃漬，用來增添香草和柑橘類的綜合香味。從第一階段至第二階段時，是以白葡萄酒洗去表面的綜合鹽，因為若用水沖洗，魚肉會流失風味。為了讓肉質黏稠的鮭魚風味，和香草、果實的風味達到完美平衡，我將魚肉切得比一般的醃漬鮭魚稍厚一些，可以讓顧客一面品味，一面享受Q彈的肉質。同樣的手法也適合用來醃漬櫻鱒。

材料（準備量）

挪威產鮭魚…半條（1065g）
粗鹽…鮭魚重量的4%
砂糖…鮭魚重量的1%
白胡椒…鮭魚重量的0.05%
白葡萄酒…適量
醃漬液※…適量
奧勒崗（新鮮）…適量
義大利巴西里（新鮮）…適量
百里香（新鮮）…適量
鼠尾草（新鮮）…適量
奧勒崗（新鮮）…適量
1盤份
醃漬鮭魚…4片
義大利巴西里（新鮮）…適量
百里香（新鮮）…適量
鼠尾草（新鮮）…適量
奧勒崗（新鮮）…適量
檸檬片…1片
迷你番茄…1個
橄欖油…適量

※醃漬液
（相對鮭魚500g的分量）
材料
橄欖油…150ml
葡萄酒醋…50ml
鹽…5g
上白糖…10g
黑胡椒…適量
檸檬汁…1個份

1 全部材料充分混勻。黑胡椒適合多一點。

作法

1 將鹽、砂糖和白胡椒混合備用。

2 在淺鋼盤中撒上1的綜合鹽，上面放上鮭魚片，魚片上再撒滿綜合鹽。表面緊密貼覆保鮮膜後，放入冷藏庫靜置一晚。

3 醃漬12小時，確認水分釋出後的魚肉彈性。倒掉鮭魚釋出的水分，用白葡萄酒清洗。

4 用白葡萄酒洗好的鮭魚，瀝除水分，用廚房紙巾捲包後放入冷藏庫使其變乾，變乾後切成厚魚片。

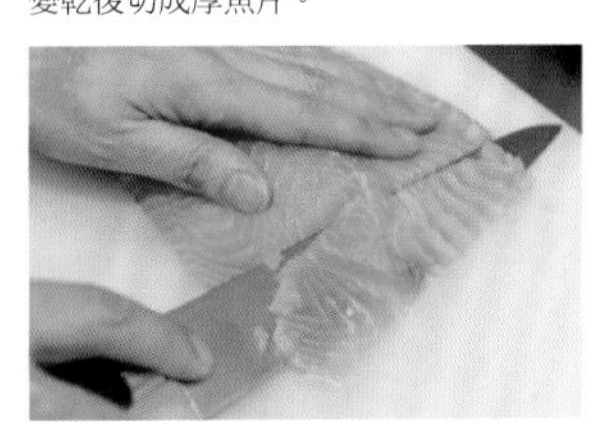

5 在淺鋼盤上鋪入保鮮膜，倒入少量醃漬液，放入鮭魚片，再放上撕碎的新鮮奧勒崗、百里香、義大利巴西里和鼠尾草。上面密貼覆蓋保鮮膜，接著再排放鮭魚片，淋上醃漬液，再撒上香草。重複這樣作業，醃漬魚片12小時以上。

6 將魚片和新鮮香草一起盛盤，加上番茄和檸檬片，最後淋上橄欖油。

醃漬的技法

以真空包裝醃漬，讓香料風味短時間滲入

醬醋豬肉

醬醋豬肉

高森敏明
「Restaurante Dos Gatos」店東兼主廚

抹上香料後烘烤
西班牙的傳統醃漬料理

在西班牙語中，「Adobo」是指醃漬的意思。用大蒜、香料醃漬肉或魚，不僅能去除肉和魚的腥臭味，同時能提高保存性。在沒發明冰箱之前，它是人類的保存智慧之一。根據食材不同，香料配方也有變化，醃漬豬肉時，是加入具有消除肉腥味效果的肉荳蔻。一般的醃漬法只是在肉上塗覆混拌均勻的香料類，不過，我在這裡介紹的是能縮短時間，以真空包裝方式的醃漬法。若不用真空包裝，需要醃漬一晚才能入味，不過若採取真空包裝時，只要放入冷藏庫3～4小時，肉就能充分入味。此外，它的優點是只需用最少的醃漬材料即可。醃好的肉，再放入烤箱將表面烤至上色，並利用餘溫使其熟透，就完成豐嫩多汁的醬醋肉。

材料（準備量）

豬里肌肉（塊）…600g
鹽…肉重量的1.5%
大蒜…1瓣
辣椒粉…1又1/2大匙
孜然…2小撮
肉荳蔻粉…少量
奧勒岡…1/2～1小匙
白葡萄酒醋…1大匙
EXV橄欖油…2大匙＋1大匙
橄欖油…適量
（完成用）
小甘藍菜…適量
EXV橄欖油…適量

作法

1 在整塊豬里肌肉上抹鹽。

2 將大蒜放入研缽中搗碎，加香料充分混合，加白葡萄酒醋和橄欖油調和成糊狀。

3 在1的豬肉上抹上2，加1大匙橄欖油，採真空包裝靜置30分鐘備用。若不用真空包裝方式，則放入冷藏庫靜置3～4小時醃漬。

4 在平底鍋中加熱橄欖油，放入3的豬肉煎烤。整體煎上色後，放入170℃的烤箱中加熱。確認肉的彈性後，從烤箱中取出，用鋁箔紙包住，利用餘溫讓肉燜熟。

5 熟透後切片，盛入容器中。放上水煮好的小甘藍菜，均勻淋上EXV橄欖油。

醃漬
的
技法
以蔬菜汁
製作醃漬液
在蔬菜中重疊
鮮味與甜味

加泰羅尼亞風味烤蔬菜

高森敏明
「Restaurante Dos Gatos」店東兼主廚

以熬煮過的煮汁醃漬的手法，最大程度提引出蔬菜的滋味

這道是西班牙加泰羅尼亞地區的鄉土料理。彩色甜椒、茄子和洋蔥等連皮直接烘烤，再用橄欖油、醋調味後享用。雖然烹調方式很簡單，不過蔬菜連皮烘烤，裡面變成燜烤的狀態，能充分濃縮鮮味與甜味。此外，還能形成黏稠的口感，吃起來口感更讚。呈現美味的訣竅是，從蔬菜裡釋出的烤汁也一滴不剩充分使用。蔬菜去皮時滴落的湯汁中含有大量的鮮味。收集這些湯汁，作為醃漬液使用。被濃縮的蔬菜美味最適合宴客，切大塊的大量蔬菜可作為前菜，也可以切碎製成法式小菜（Canap）來作為下酒菜。放上鯷魚和燻鮭魚，和葡萄酒更為合味。

材料（準備量）

紅茄子…1條（300g）
紅椒…4個
黃椒…1個
小洋蔥…3個
橄欖油…適量
白葡萄酒醋…50ml
鹽…2小撮
EXV橄欖油…適量
（完成用）
法國長棍麵包…適量
鯷魚…適量
燻鮭魚…適量

作法

1 在蔬菜上塗覆橄欖油，放入190℃的烤箱中烤40分鐘～1小時。途中翻面數次，讓整體都熟透。

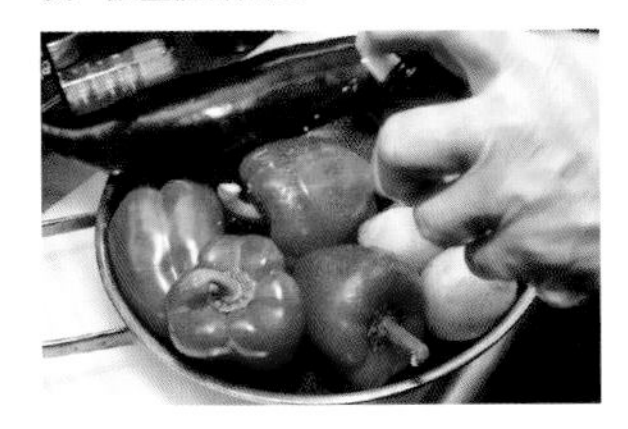

2 茄子易熟透，先取出。為避免洋蔥烤焦，途中，用鋁箔紙包住再烘烤。

3 烤好後去皮。因烤汁要作為醃漬液，在疊上濾網的鋼盆中，一面濾取烤汁，一面去皮。

4 熬煮在 3 濾取的烤汁，熬煮到變濃稠，剩下一半的分量為止。再加入白葡萄酒醋，加鹽調味。

5 將 3 的蔬菜分別切成1～2cm的小丁，在淺盤中混合，均勻淋上 4 的醃漬液。最後均勻淋上EXV橄欖油，冷藏保存。

6 提供時，在切薄片的長棍麵包上放上 5，分別疊上鯷魚和燻鮭魚，盛入容器中。

醃漬的技法

鰆魚或鯊魚等味道獨特的魚透過「醃漬」變化美味

炸醃鰆魚

炸醃鰩魚

高森敏明

「Restaurante Dos Gatos」店東兼主廚

鰩魚或鯊魚等味道獨特的魚
透過「醃漬」變化美味

「Adobo」意指醃漬，食材經過事先醃漬，之後可以進行煎烤、燉煮或油炸等各種烹調作業。這裡要介紹的是，採取「醃炸（En adobo）」烹調的油炸料理。這項技法大多用於隨著時間經過，會散發特有腥臭味的魚類，例如鯊魚、鰩魚等，用大蒜或香料醃漬，具有消除其腥味的作用。此外，油炸還能去除多餘的水分，突顯魚的美味風味。使用鰩魚製作時，為了讓軟骨部分吃起來也很可口，油炸方式必須特別用心。先從低溫開始油炸，慢慢地去除魚肉的水分後，再將油溫升高，才能炸出香酥的口感。

材料（準備量）

鰩魚…400～500g
大蒜…1瓣
辣椒粉…2大匙
奧勒崗…1大匙
孜然…少量
白葡萄酒醋…2大匙
白葡萄酒…少量
EXV橄欖油…少量
低筋麵粉…適量
炸油（橄欖油）…適量
甜菜葉…適量

作法

1 大蒜用研缽搗碎，加香料充分混合，再加白葡萄酒醋、白葡萄酒和橄欖油稀釋成糊狀。

2 在鰩魚上抹上大量的1，靜置醃漬30分鐘。

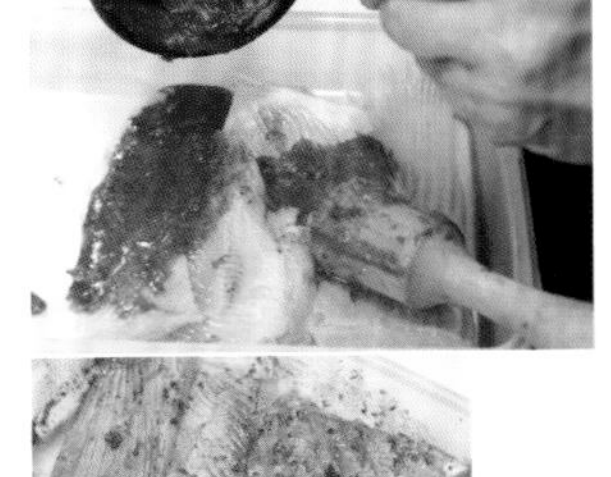

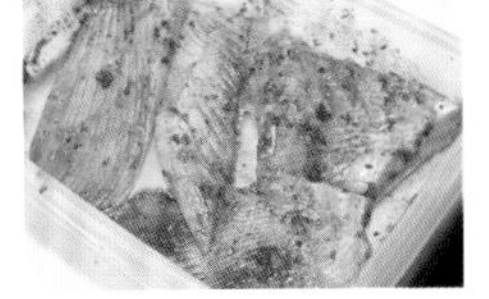

3 輕輕擦拭2的表面，一面過濾低筋麵粉，一面撒覆在魚肉表面。放入160～170℃的油中慢慢油炸。水分去除後翻面，火開大將魚肉顏色炸至恰到好處。

4 盛入盤中，配上甜菜葉。

兩種口感的醃漬鹽鱈

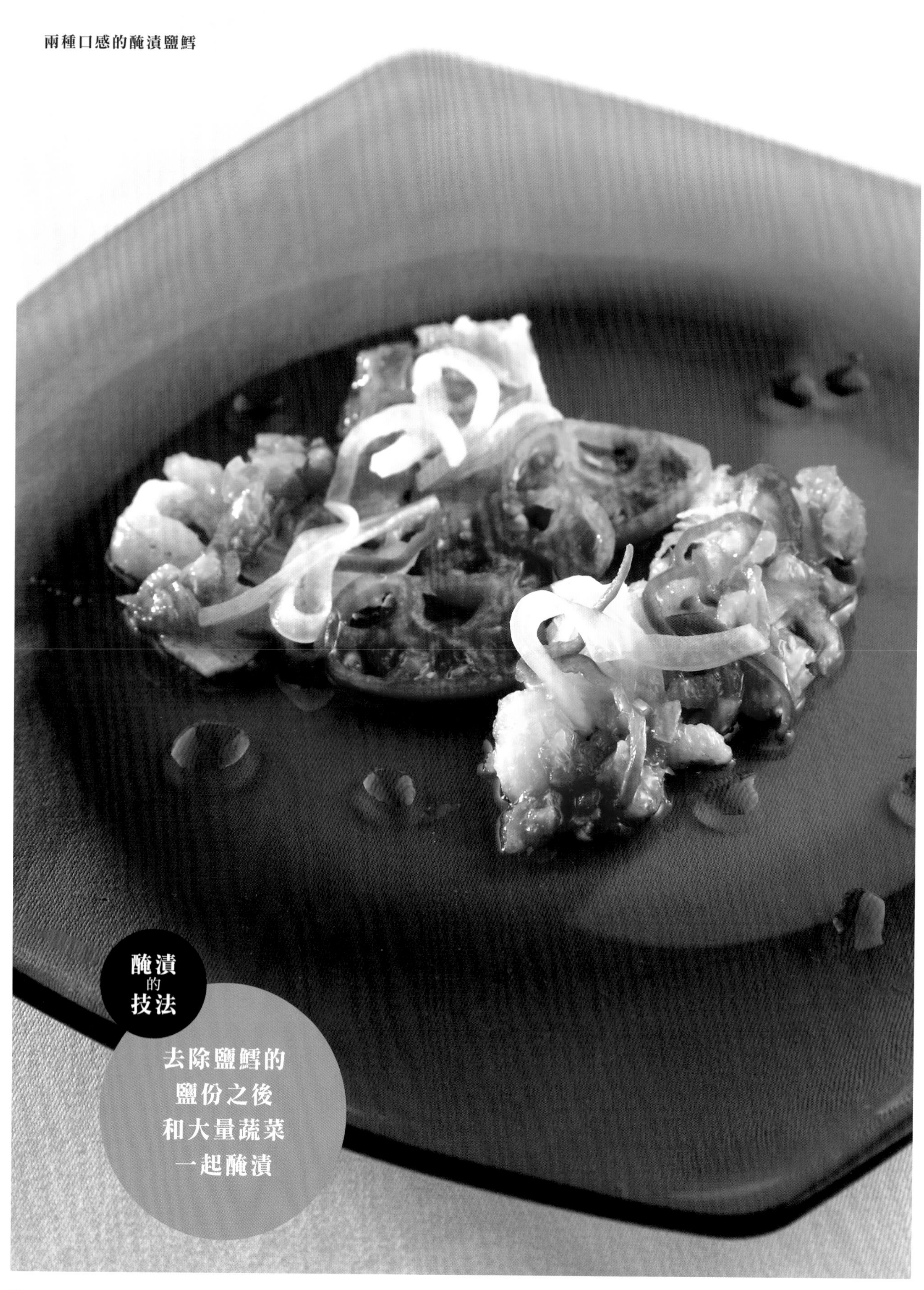

兩種口感的醃漬鹽鱈

高森敏明

「Restaurante Dos Gatos」店東兼主廚

採兩種切法讓顧客
細膩品味鹽鱈的獨特口感

鹽漬鱈魚（Bacalao）是西班牙、葡萄牙和義大利等地深受大家喜愛的鹽漬鱈魚乾。它被當作傳統的保存食品，運用在各地樸素的鄉土料理中。鱈魚經鹽漬後因完全乾燥，產生和鮮魚截然不同的口感和風味。這裡我去除鹽鱈的鹽分使其回軟後，與蔬菜調拌，再搭配酸味番茄製作的醬汁享用。平凡無奇的食材只要稍微改變切法，風味也會改變，因此我採取2種不同的切法。鹽鱈需花數天一面換水，一面進行去鹽作業。這時要使用薄鹽水。若用一般的清水會使魚肉變得水爛，用鹽水則能避免此情況，均勻地去鹽。

材料（準備量）

鹽鱈（泡水回軟）…200g
青椒（切片）…2個
洋蔥（縱向切片）…1/2個
白葡萄酒醋…100ml
鹽…少量
蒜油…少量
※用橄欖油醃漬切末大蒜。
EXV橄欖油…2大匙
番茄…2個

作法

1 將鹽鱈放入大量的水中，加少許鹽浸泡一晚。換水加少許鹽，再浸泡。重複這項作業約3～4天，去除魚肉中的鹽份。試吃確認去鹽的情況。

2 在青椒和洋蔥中，加白葡萄酒醋、鹽和蒜油混合。因鹽鱈有鹽份，所以加很少的鹽就行。

3 去除已去鹽的鹽鱈的魚皮。為享受不同的口感，用叉子將一半量的魚肉從皮上刮下，弄碎。剩餘的半量去皮，切薄片。

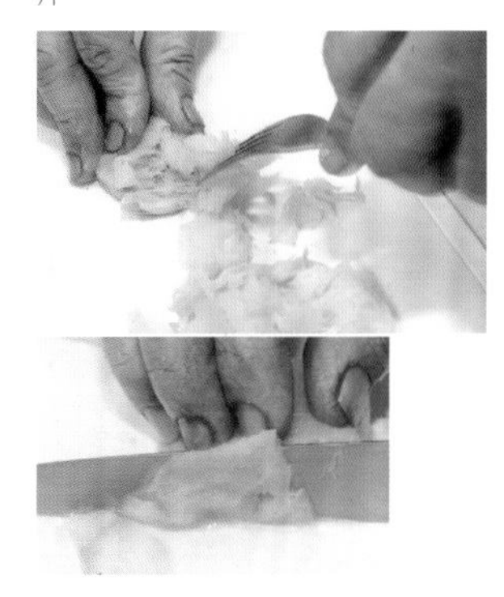

4 將 3 的鹽鱈放入淺盤中，先淋上 2 的蔬菜醃漬液，再均勻淋上橄欖油。最後放上 2 的蔬菜，放入冷藏庫保存。此狀態下約可保存一週的時間。

5 在盤中盛入2種切法的醃漬魚，放上切粗末的番茄，再放上切圓片的番茄。

柳橙風味的油炸醃魚

柳橙風味的油炸醃魚

高森敏明

「Restaurante Dos Gatos」店東兼主廚

傳統油炸醃魚中加入柳橙香味與甜味，散發清爽的風味

油炸後用醋醃漬的油炸醃魚，也是源自日本南蠻漬的料理。醃漬食材和醃料都趁熱進行醃漬，味道較能迅速融合。從油中撈起剛炸好的海鮮或肉類，直接放入剛煮沸的醃料中。這樣比起涼的醃漬方式更快入味。不只是白肉魚，不論是牡蠣、烏賊、蝦、章魚或魚貝等所有海鮮類，這樣烹調吃起來都很清爽，不過使用青魚烹調時，醃料中所用的醋要多費點心思。為了調和青魚較濃的獨特氣味，可以混入香味濃的雪利酒醋使用。蔬菜中也可以加入彩色甜椒。若加入柑橘香味，風味會變得更清爽。這裡不只運用柳橙汁的甜味，為了突顯香味，柳橙皮也一起使用。

材料（準備量）

三線雞魚、金線魚…500g（共計）
鹽、白胡椒…各適量
低筋麵粉…適量
洋蔥（縱向切片）…1/2個
胡蘿蔔（切絲）…1/2條
白葡萄酒醋…約100ml
白葡萄酒…100ml
炸油（橄欖油）…適量
柳橙…1個

作法

1 白肉魚切成一口大小的薄片。根據不同季節，購入的魚種也不同。還能用青魚製作。

2 在鍋裡放入洋蔥和胡蘿蔔，加白葡萄酒醋和白葡萄酒後加熱，煮沸一下即熄火。使用青魚時，此步驟加入少量雪利酒醋。

3 在1的魚中撒鹽和白胡椒，薄裹上低筋麵粉，放入加熱至180℃的油中。油中浮出的氣泡變小後，火轉大，表面炸酥。

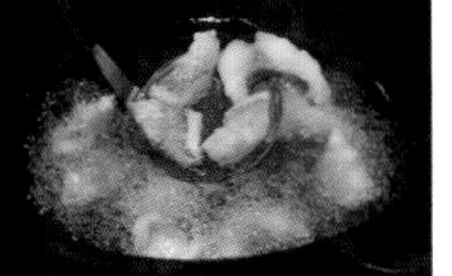

4 將2的醃料倒入淺鋼盤中，加入榨好的柳橙汁，醃漬剛炸好的魚。

5 放入保存容器中，撒上切薄片的柳橙。

醃漬的技法

以綠橄欖
作為醃料底料的
厚味醃海鮮

綠橄欖醃海鮮

高森敏明

「Restaurante Dos Gatos」店東兼主廚

加入綠橄欖清新的新鮮風味，來添加濃郁的香味

醃漬海鮮也是很適合作為下酒菜的料理。搭配白葡萄酒、西班牙氣泡酒（Cava）都非常對味，是許多餐廳的基本菜色。以清爽的醋和橄欖油醃漬的海鮮，運用的醃料底料中加入綠橄欖和切粗末的洋蔥，味道濃郁、芳香，還能提升口感。綠橄欖中具有類似青蘋果般的清爽風味。翠綠的新鮮感中，還散發橄欖特有的濃厚風味，使料理展現新味。因為加酸，食材色澤易變差，所以在調拌之前要先加醋。海鮮類須留意勿過度加熱，以免肉質變硬。槍烏賊和蝦香煎，北太平洋巨型章魚水煮，海鮮分別以適當的烹調法快速加熱。

材料（準備量）

槍烏賊…3杯
紅蝦…12尾
北太平洋巨型章魚…180g
綠橄欖…15個
EXV橄欖油…50ml
洋蔥…100g
白葡萄酒醋…100g
大蒜（用刀腹壓碎）…1瓣
蒜油…適量
月桂葉…適量
鹽、白葡萄酒…各適量
EXV橄欖油…適量

作法

1 槍烏賊從身體切下觸足，洗淨。身體切成一口大小，觸足分切成易食用的大小。紅蝦去殼。巨型章魚切成一口大小。

2 製作綠橄欖醃料。綠橄欖剔除種子，加入橄欖油，用手握式電動攪拌器攪打成糊狀。洋蔥切粗末，加白葡萄酒醋和大蒜充分混合，再和綠橄欖醬混合。

3 槍烏賊和紅蝦分別煎好。剛煎好的槍烏賊中加入蒜油和月桂葉，撒上白葡萄酒和鹽，翻晃整體材料後，加蓋以餘溫燜熟。紅蝦也同樣作業。

4 巨型章魚用鹽水略煮，瀝除水分放在淺鋼盤中，加入煎過的槍烏賊和紅蝦，均勻淋上橄欖油。

5 在 4 中加入綠橄欖醃料，混合整體。若冷藏保存，約可保存4～5天。

醃漬
的
技法
料理分成
醃漬和油漬
2個階段
以提高保存性
醃日本鯷

醃日本鯷

高森敏明
「Restaurante Dos Gatos」店東兼主廚

使用新鮮日本鯷醋漬
能促進熟成，更添美味

西班牙夜吧的人氣醋漬日本鯷，剛醃漬時的新鮮感，如融入般形成的熟成感等，隨著醃漬的時間，美味感也會有變化。想製作無魚腥味的醃魚時，需使用鮮度極高的日本鯷。這裡使用小型的日本鯷。先用白葡萄酒醋浸泡，用醋適當醃漬至魚肉泛白後，再完全密封泡入橄欖油中，以免接觸空氣。先醋後油分2階段醃漬，保存性更高。不過提供作為下酒菜時，用鯷魚捲包紅心橄欖（Stuffed olive），也是深受喜愛的一道小菜。在油漬的狀態下，也能夠冷凍保存。

材料（1人份）

日本鯷…適量
白葡萄酒醋…適量
EXV橄欖油…適量
鹽…適量

作法

1 日本鯷用手掰開，清理後用鹽水清洗。

2 濾除1的水分，放入淺鋼盤等容器中，倒入白葡萄酒醋醃漬8小時備用。

3 倒掉2的醋，加橄欖油醃漬後冷藏保存。

1

西班牙常備料理的醃漬

西班牙料理中，就像直接以料理名表示醃漬的「Adobo」般，預先的醃漬工作具有使肉質變軟、以辛香料消除腥臭味的作用。此外，醋漬、油漬等以保存為目標的料理，也會加以煎烤或油炸等來增加風味與香味。這些料理因為能保存，大多事前備妥作為常備菜。例如海鮮類的油炸醃魚、醃漬烤蔬菜等，都能供應作為輕鬆的下酒菜。

醃漬
的
技法
利用促使
乳酸發酵的醃漬使
「西班牙番茄冷湯」
味道更豐富

西班牙番茄冷湯

高森敏明

「Restaurante Dos Gatos」店東兼主廚

在夏季蔬菜產季推出 受惠於陽光的冷製濃湯

用鹽水醃漬蔬菜和麵包，是製作西班牙番茄冷湯（Gazpacho）不可或缺的準備工作。醃漬一晚，讓它進行乳酸發酵，這樣的發酵作用能產生豐富的風味。此外，剩餘的冷湯若加入隔天的冷湯中繼續使用，風味會更豐厚濃郁。本店約從六月開始提供這道冷湯，那時露天栽培的番茄正美味。全年販售的番茄，當屬沐浴在陽光下的當令番茄最美味。我雖然組合同為夏季蔬菜的小黃瓜，不過這道料理的瓜要去皮和種子，去除青澀味才使用。為了不破壞湯色與口感，法國麵包事先去除硬皮。這道涼湯雖然是湯品，但菜料只是粗略過濾，仍保留碎蔬菜的口感。

材料（準備量）

番茄（中等大小）…6個
紅椒…2個
大蒜…1球
洋蔥…1/4個
小黃瓜…2條
法國麵包…適量
水…500ml
鹽…10g
白葡萄酒醋…少於100ml
橄欖油…150ml
（完成用）
胡瓜、番茄、洋蔥、法國麵包…各適量

作法

1 番茄約切2cm大小塊。紅椒剔除種子，切同樣大小塊。大蒜去皮。洋蔥切同樣大小塊。小黃瓜去皮，縱切後用湯匙等挖除種子，切相同大小塊。法國麵包剔除外表硬皮，也切同樣大小塊。

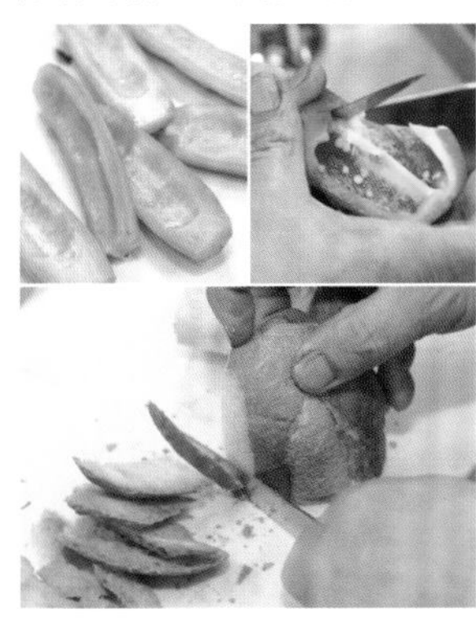

2 將1放入深容器中，加水和鹽用木匙大致搗碎，蓋上保鮮膜，靜置一晚備用。日後若繼續添加西班牙番茄冷湯，味道會變得更圓潤。最初為了讓它乳酸發酵，醃漬2天。

3 在果汁機中倒入白葡萄酒醋，將醃漬好的2以圓杓1杓份的量加入，接著一面慢慢加入橄欖油，一面使其乳化，乳化後再加入剩餘的2。

4 用磨濾器過濾3，再靜置一晚讓味道融合。因為稍微保留湯汁的口感，所以不用圓錐形網篩過濾，而使用磨濾器。

5 盛入盤中，佐配切粗末的小黃瓜、番茄、洋蔥和法國麵包。

烤白蘆筍　佐甜椒番茄醬
醃漬的技法
採減壓
加熱烹調法
讓蘆筍高湯
浸透蘆筍

烤白蘆筍　佐甜椒番茄醬

峯 義博
「西班牙料理 MINE BARU」店東兼主廚

保有清脆爽口的嚼感，
增添食材的風味

盛產於春季的白蘆筍，淡淡的苦味和爽脆的口感極富魅力。雖然若不問產地或栽培法，一年四季均可購得白蘆筍，但我只使用法國羅亞爾河地區露天栽培的白蘆筍。那個地區悉心栽種的白蘆筍，外形粗壯，分量十足，香味也很濃郁。為了呈現最佳口感和濃郁的香味，我使用低壓真空調理機（Gastrovac），以減壓加熱方式烹調。我在白蘆筍皮中加入檸檬和月桂葉，熬煮出也稱為白蘆筍湯的高湯（Caldo），一面用高湯浸泡蘆筍，一面用低壓真空調理機烹調，不僅保留了新鮮蘆筍的口感，同時高湯也會浸透蘆筍。藉由這個方法，能增加白蘆筍本身的味道，之後將其表面烤香，以西班牙產起司和甜椒番茄醬增加濃厚風味，用紅椒麵包粉使風味和口感更富變化後提供。

材料（準備量）

白蘆筍…2kg
水…2L
檸檬…1/2個
月桂葉…5片
曼查格（Manchego）起司…適量
甜椒番茄醬（Romesco sauce）※…適量
阿貝金納橄欖油（Arbequina olive oil）…適量
粗鹽…適量
黑胡椒…適量
紅椒風味的麵包粉…適量
※用加入煙燻紅椒粉（Smoked paprika）和大蒜的自製全麥麵粉製成的麵包粉。

※甜椒番茄醬
材料
紅椒…2個
橄欖油…適量
Marcona種杏仁…80g
純橄欖油…45ml
番茄（切大塊）…1個
紅葡萄酒醋…40ml
鹽…適量

1 紅椒去除蒂頭和種子，淋上橄欖油，放入220℃的烤箱中烤15分鐘，放涼。
2 在鍋裡放入Marcona種杏仁和純橄欖油加熱，杏仁炒至上色後加番茄。番茄水分煮至蒸發後，加紅葡萄酒醋使酸味揮發。
3 在2中加入1的紅椒，煮沸一下後熄火，倒入果汁機中攪打變細滑後，加鹽調味。

烤白蘆筍　佐甜椒番茄醬

作法

1 使用法國羅亞爾河地區產的白蘆筍，削皮。

2 製作白蘆筍高湯。白蘆筍削下的皮中，加入檸檬和香草，用水煮30分鐘。在白蘆筍產季時邊使用，邊補充，冷凍保存備用。

3 已去皮的白蘆筍，放入旋風蒸烤箱中，設定蒸氣模式、溫度100℃烤2分鐘，立刻用急速冷卻機（Blast chiller）急速冷卻。

4 將1放入白蘆筍高湯中浸泡，放入設定40℃的低壓真空調理機中，減壓30分鐘，讓白蘆筍吸收白蘆筍高湯。

5 白蘆筍浸泡在高湯裡直接保存。提供時盛入盤中，撒上大量的曼查格起司，用明火烤箱烤7～8分鐘使其上色。

6 烤好後，淋上甜椒番茄醬，撒上粗鹽和黑胡椒，均勻淋上橄欖油。最後添加紅椒風味的麵包粉。

以減壓加熱方式醃漬
峯 義博主廚的觀點

使用低壓真空調理機（Gastrovac）烹調，是將容器內調整成低壓狀態，讓沸點降至60℃左右，使調味液滲入材料中的烹調法。這種調理機能以10℃～150℃加熱，可保留食材的口感與香味，使食材入味。

1

使食材的味道更豐厚

在醃漬用調味液中，使用食材的高湯，例如蘆筍高湯（參照前頁）、斑節蝦高湯、干貝高湯等，能使食材的味道更濃郁。下圖中的蝦子，是透過實驗來比較生蝦、鹽水煮蝦和減壓加熱的蝦子。最下方雖是減壓加熱的蝦子，卻保留生蝦的感覺。干貝也一樣。不論蝦子或干貝，減壓加熱後都保留Q彈的新鮮口感，而且食材充分滲入高湯，食材味道更豐厚濃郁。

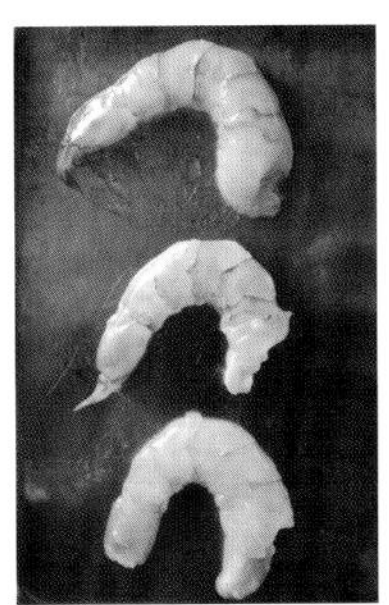

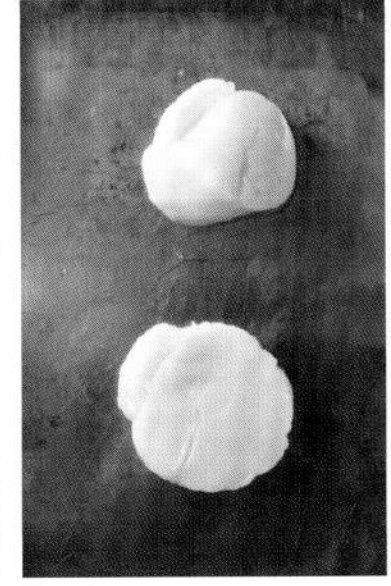

2

在食材中加入截然不同的香味

透過減壓，食材細胞內的空氣會膨脹，但回復原來的氣壓，細胞內的空氣又會收縮。利用這個現象，液體風味和香味能夠滲入食材中。這種烹調方式也最適合增加食材的風味和香味，連味道很難滲透的生葉菜類，也能保留爽脆的口感，而且裡面充分入味。草莓等水果裡也能充分滲入糖漿的甜味和香味。

我是使用Gastrovac低壓真空調理機（FMI公司製）。將食材浸泡在調味液或高湯等中，放入容器內，再設定減壓度、加熱溫度和時間。

鮭魚布丁 佐韃靼斑節蝦和干貝

鮭魚布丁　佐韃靼斑節蝦和干貝

峯 義博
「西班牙料理 MINE BARU」店東兼主廚

利用醃漬突顯
招牌鮭魚布丁的存在感

柔嫩細滑、味道濃厚的鮭魚布丁，是本店知名的招牌菜色。和這個布丁組合的是韃靼斑節蝦和干貝。生的海鮮很難和布丁直接融合，可是加熱或剁碎後，又會破壞新鮮海鮮的美好風味。為了保有斑節蝦和干貝的新鮮感，又能使味道變濃郁，我分別製作高湯，一面進行減壓加熱，一面醃漬。這樣就完成能穩定支撐乳脂般布丁的底座。斑節蝦和干貝再和以味道和嚼感為重點的番茄乾、紅蔥頭和核桃一起調拌。鮭魚布丁是餡料透過真空包裝去除空氣，完成密度更高的濃郁布丁。

材料（1盤份）

斑節蝦…1尾
鹽…蝦重量的1％
斑節蝦高湯（Caldo）※…適量
新鮮干貝…1個
干貝高湯※…適量
自製番茄乾（切碎）…適量
紅蔥頭（切末）…適量
核桃（切碎）…適量
燻製橄欖油…適量
覆盆子醋…適量
鹽、胡椒…各適量
鮭魚布丁※…2塊
萊姆皮…適量
野莧菜（Amaranthus）葉…適量

※斑節蝦高湯
材料
斑節蝦殼…適量
胡蘿蔔、洋蔥、芹菜、百里香、月桂葉等…各適量
蛋白…適量
水…適量
白蘭地、白葡萄酒…各適量

1 斑節蝦殼放入170℃的烤箱中，將水分烤乾。
2 將斑節蝦殼和其他材料混合加熱，約煮30分鐘，過濾後使用。

※干貝高湯
材料
干貝韌帶…適量
蛤仔…適量
白葡萄酒…適量
水…適量
昆布…適量

1 用白葡萄酒蒸蛤仔，開口後去殼，加水、鹽、昆布和干貝韌帶煮沸一下，取高湯。

※鮭魚布丁
材料
鮭魚泥…200g
※用冷高湯煮鮭魚肉，倒入食物調理機中攪打。
蛋（M尺寸）…5個
番茄泥…200g
鮮奶油…200g
鹽、白胡椒…各適量

1 將材料充分混合製成餡料，進行真空包裝，透過真空包裝去除空氣。
2 倒入凍派容器中，加蓋，放入旋風蒸烤箱中，設定蒸氣模式、溫度80℃蒸烤100分鐘。

作法

1 斑節蝦去殼、剔除背腸，加1％的鹽，採真空包裝，放入冷藏庫靜置一晚備用。干貝也加1％的鹽，採真空包裝，同樣放入冷藏庫靜置一晚。

2 將1取出，放入旋風蒸烤箱中，設定蒸氣模式、溫度100℃蒸烤20秒，提引出斑節蝦的甜味。

3 將2的斑節蝦泡入斑節蝦高湯中，放入設定35℃的低壓真空調理機中，進行30分鐘減壓加熱，浸在高湯中直接放涼。干貝泡在干貝高湯中，同樣以35℃減壓加熱30分鐘，泡在高湯中直接放涼。

4 將3的斑節蝦和干貝切成一口大小，依序加入番茄乾、紅蔥頭、核桃、燻製橄欖油、覆盆子醋、鹽和胡椒拌勻，使味道融合。

5 在容器中盛入4，放上切好的鮭魚布丁，裝飾上磨碎的萊姆皮和野莧菜葉。

蘋果和西班牙起司沙拉

蘋果和西班牙起司沙拉

峯 義博
「西班牙料理 MINE BARU」店東兼主廚

讓存在感薄弱的葉菜成為主角
在食材中加入香味的新技巧

在紫葉菊苣、迷你長葉萵苣和菊苣等華美的洋蔬菜上，放上和蘋果很對味的藍黴起司的沙拉，就完成這道風格沙拉。生的葉菜很難加上香草的香味。因此我用低壓真空調理機，讓香草水滲入其中。連葉裡都能浸透，使蔬菜更添風味。香草水加入檸檬和迷迭香，散發清爽的香味，也能稍微調和葉菜淡淡的苦味，和置於上方的沙拉也很搭調。上面撒的是3種西班牙產的起司。包括磨碎、削取和烘烤酥脆，我希望以多樣的風味，來提升這道沙拉料理的存在感。

材料（1盤份）

紫葉菊苣…1/4個
迷你長葉萵苣…1/4個
菊苣…1/2個
香草水※…適量
蘋果（切丁）…1/8個
瓦爾德翁起司（Queso de valdeón）
（大致切碎）…適量
紅蔥頭（切末）…適量
法式油醋醬（Vinaigrette）※…適量
EXV橄欖油…適量
曼查格起司…適量
賽拉德米澤尼起司（音譯）…適量
伊迪阿扎巴爾（Idiazabal）起司…適量
杏仁碎屑（烤過的）、黑胡椒、紅胡椒
…各適量

※香草水
材料
水…適量
檸檬（片）…適量
迷迭香…適量

※法式油醋醬
材料
純橄欖油…400ml
白葡萄酒醋…100ml
鹽…8g

作法

1 紫葉菊苣、迷你長葉萵苣和菊苣，分別一片片剝下葉子。

2 在水中加入檸檬和迷迭香，開火加熱製作香草水，再放涼。

3 將1的蔬菜泡入香草水中，放入設定10℃的低壓真空調理機中加熱30分鐘。

4 在鋼盆中放入瓦爾德翁起司、紅蔥頭、法式油醋醬充分混合，再加蘋果調拌，加EXV橄欖油使整體融合。

5 將3的葉菜瀝除水分，切成易食用大小，用法式油醋醬調拌，盛入容器中。

6 在5上放上4，撒上磨碎的查格起司、削下的賽拉德米澤尼起司，再撒上放入150℃的烤箱中烤30分鐘的伊迪阿扎巴爾起司。最後撒上杏仁碎屑、粗磨黑胡椒和紅胡椒。

醃漬的技法

以低壓真空調理機醃漬並油封

稻草煙燻　油封鰆魚

峯 義博

「西班牙料理 MINE BARU」店東兼主廚

半熟口感的油封烹調鰆魚。稻草燒烤皮面、煙燻肉面，肉質豐嫩

這道料理採油封烹調法，以低壓真空調理機讓食材在低溫油中加熱。雖然魚肉比肉要用更低溫來進行油封，不過若一面減壓，一面以50℃的低溫油封，肉質就能變得半熟一般，與其說用油煮，不如說呈現醃漬般的口感。另外，以稻草燒烤皮面，能緩和魚腥味。稻草火與炭火不同，它較適合用來瞬間加熱食材的表面。火熄後接著燻肉，增添煙燻香味來提升風味。再用甜椒糊和羅勒杏仁醬汁增加清爽的厚味，也能成為色彩與香味的重點。

材料（1人份）

鰆魚…60g
鹽…適量
EXV橄欖油…適量
迷迭香…適量
月桂葉…適量
筍…1塊
清湯（Consomm）…適量
帶葉洋蔥…1/2個
甜椒糊※…適量
羅勒杏仁醬汁※…適量

※甜椒糊
材料（準備量）
甜椒…2個
橄欖油…適量

1 準備烤至全黑、去皮的甜椒，以及在平底鍋中倒入橄欖油，放入烤箱烤過的油。將兩者用食物調理機攪打，用粗濾網過濾。

※羅勒杏仁醬汁
材料（準備量）
羅勒葉…50g
杏仁（烤過）…20g
純橄欖油…100ml

1 混合材料，用果汁機攪打變細滑後，分成小份急速冷凍。需要使用時取出所需分量解凍後使用。

作法

1 準備切塊的鰆魚，抹鹽暫放備用。

2 魚塊擦乾水分後，放入橄欖油中，加入迷迭香和月桂葉，用設定約50℃的低壓真空調理機，減壓加熱30分鐘。放涼後真空包裝冷藏。

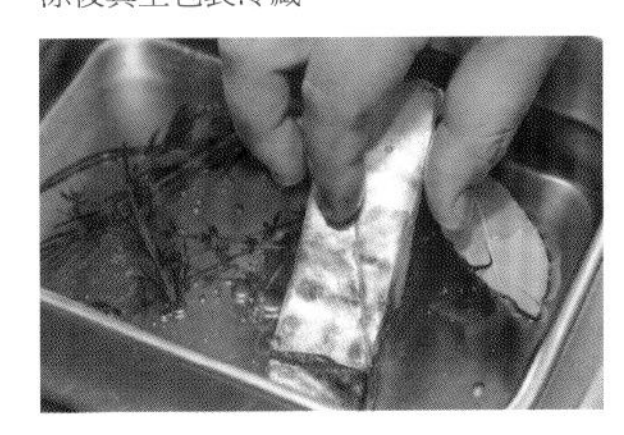

3 為保留竹筍爽脆的口感，放入磨碎的白蘿蔔汁中浸泡近1小時，用鹽水煮一下去除澀味。將筍泡入清湯中，用設定40℃的低壓真空調理機加熱30分鐘，使其入味。

4 提供時取出鰆魚，插入鐵籤。在中式炒鍋中放入稻草點火，火焰冒出後，開始燒烤魚皮面。火焰熄滅冒煙後，魚肉面朝下，加蓋煙燻。

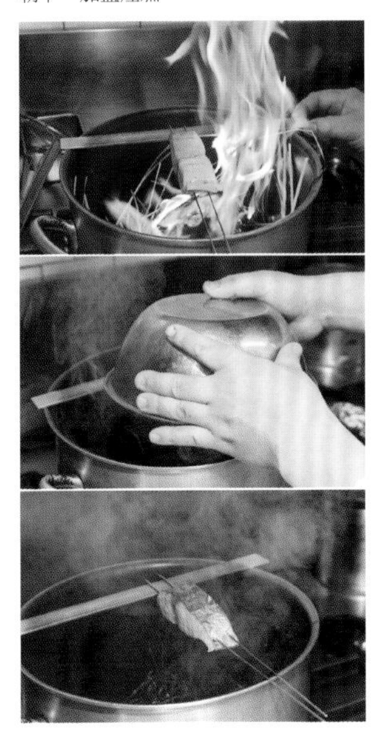

5 在3的筍和帶葉洋蔥上撒鹽，用橄欖油（分量外）香煎。

6 將4的鰆魚切薄片，放入鋪有甜椒糊泥的容器中。加上5，倒入羅勒杏仁醬汁。

蜜漬草莓

蜜漬草莓

峯 義博
「西班牙料理 MINE BARU」店東兼主廚

以低壓真空調理機蜜漬不加熱，以保留新鮮口感

水果用糖漿蜜漬後，吃起來的口感總像果醬一樣。若要保留水果的新鮮口感，又要有蜜漬水果般的味道時，我認為最有效的方法就是使用低壓真空調理機，讓水果在減壓狀態下飽含糖漿。這裡介紹的蜜漬草莓除保留新鮮口感外，還搭配濃郁的焦糖冰淇淋，以突顯成品的存在感。草莓浸泡糖漿後進行減壓，所以糖漿的香草香味都滲入其中，儘管味道充分浸透，但仍保留新鮮草莓的酸味與香味。巧克力蛋糕酥的酥鬆口感，成為草莓和冰淇淋的亮點，讓人一吃上癮。

材料（準備量）

草莓…適量
糖漿※…適量
焦糖冰淇淋※…適量
巧克力蛋糕酥※…適量

※糖漿
材料
白砂糖…700g
海藻糖（Trehalose）…200g
水…450g
白葡萄酒…350g
覆盆子醋…80g
檸檬汁…1個份
迷迭香…適量
丁香…適量

1 混合糖漿材料煮沸，放涼後製成糖漿。

※焦糖冰淇淋
材料
蛋奶餡
　蛋黃…9個份
　鮮奶油…300g
　鮮奶…500g
　白砂糖…100g

焦糖醬汁
　白砂糖…50g
　水…少量
　柑曼怡香橙干邑甜酒（Grand Marnier）…30ml
　水…30ml

1 製作蛋奶餡。煮沸蛋黃以外的材料，讓白砂糖溶解，加入打散的蛋黃中充分混合，用圓錐形網篩過濾。
2 製作焦糖醬汁。在小鍋中放入白砂糖和水製作焦糖，加柑曼怡香橙干邑甜酒和水稀釋。
3 在1的蛋奶餡400g中加入焦糖醬汁，放入可捷食品調理機的容器後，再放入冷凍庫冷凍凝固。

4 將3用可捷食品調理機攪打2次，製成細滑的冰淇淋。

※巧克力蛋糕酥
材料
低筋麵粉…30g
白砂糖…30g
杏仁粉…10g
奶油…30g
調溫巧克力…30g

1 混合材料，用食物調理機攪拌成麵團，放入冷凍庫鬆弛1小時。
2 在鋪好烤焙紙的烤盤上，薄薄地擀開麵團，放入180℃的烤箱中烤20分鐘。
3 涼至微溫後弄碎。

作法

1 草莓去蒂，浸泡在糖漿中，放入低壓真空調理機中，設定15℃減壓30分鐘。

2 在容器中盛入巧克力蛋糕酥、焦糖冰淇淋和1的蜜漬草莓。

醃漬的料理

食譜見 P.98

醃干貝和季節蔬菜

川崎晉二「肉與葡萄酒 野毛 Bistro zip Terrace」料理長

食譜見 P.99

肉店的烤義式生肉

川崎晉二 「肉與葡萄酒 野毛 Bistro zip Terrace」料理長

醃干貝和季節蔬菜

花工夫用梅酒或苦艾酒增加深奧的甜味和風味

料理圖見 P.96

以白葡萄酒醋、檸檬汁和橄欖油作為底料的醃漬液中，還加入羅勒和紅蔥頭。並以梅酒和2種苦艾酒呈現香味與甜味，使醃漬液形成清爽又深厚的風味。干貝和蔬菜分別用網架烤好後，放入這個醃漬液中醃漬。干貝四季都能買到，現在已是方便作為經典菜色的食材之一。我考慮到料理呈現的色調，因此組合節瓜、彩色甜椒、小番茄等季節蔬菜，讓料理增添季節感。除了干貝之外，白肉魚為主的海鮮類全適合這樣烹調。為了突顯干貝和蔬菜類的存在感，我把食材都切得稍微大塊些。也能生食的干貝，只要用大火將表面迅速烤至上色程度，再撒上巴西里和辣椒粉等增添風味和色彩即完成。

材料（4人份）

新鮮干貝（生食用）…12個
節瓜（切片）…24片
彩色甜椒（紅・黃）…各1個
芹菜…1枝
小番茄（紅・黃）…各12個
醃漬液※…適量
純橄欖油…適量
鹽…適量
EXV橄欖油…適量
粉紅胡椒…適量
蒔蘿…適量
辣椒粉…適量
巴西里…適量

※醃漬液
材料（10人份）
梅酒…40ml
苦艾酒（「Noilly Prat Dry」）…20ml
苦艾酒（「Cinzano Vermouth Bianco」）…20ml
白葡萄酒醋…40ml
檸檬汁…1個份
鹽…10g
純橄欖油…300ml
羅勒…6片
紅蔥頭…1個

1 羅勒切碎。紅蔥頭切末。將梅酒、2種苦艾酒加熱讓酒精揮發。
2 將1、檸檬汁、鹽和純橄欖油混合。

作法

1 將干貝橫向切片。節瓜切稍厚的片。彩色甜椒切細長條。芹菜適度切碎。小番茄切半。

2

將1的菜料上塗抹純橄欖油，放在網架上烘烤。撒點鹽，用大火將表面烤至稍微上色。

3

將2放入醃漬液中醃漬，放入冷藏庫約保存半天。

4 將3盛入盤中，整體淋上EXV橄欖油。撒上粉紅胡椒，裝飾上蒔蘿。撒上切碎的巴西里、辣椒粉。

肉店的烤義式生肉

配合不同的肉質，個別醃漬

料理圖見 P.97

這道變化豐富的料理，配合四種肉不同的肉質分別醃漬，並分別採用不同的調味。除了牛後小腿肉（外腿的一部分）、雞柳外，還使用了牛心、雞胗這兩種內臟肉，新奇感和專業性頗具魅力。此外，我還活用鹽中加入柚子皮和青芥末等粉末的新鮮調味料，使料理風味更佳。牛後小腿肉撒上柚子鹽、雞柳使用青芥末鹽，並以橄欖油醃漬。氣味獨特的雞胗，用岩鹽和香草類醃漬。需要確實加熱的牛心，為了避色肉質變硬，以較低溫的熱水煮熟後，放入加了芹菜鹽的醃漬液中醃漬。肉類用大火分別烤至表面上色，再分別切成口感好的厚度。

材料（1人份）

牛心…30g
雞胗…30g
牛後小腿肉（外腿的一部分）…30g
雞柳…30g
純橄欖油…適量
醃漬液※…適量
岩鹽…適量
乾燥香草類（弄碎的月桂葉、奧勒崗、鼠尾草、羅勒和黑胡椒粒）…適量
柚子鹽…適量
青芥末鹽…適量
巴薩米克醋醬汁（熬煮巴薩米克醋，用純橄欖油稀釋而成）…適量
水菜…適量
紅心蘿蔔…適量
蘘荷…適量
檸檬…適量
EXV橄欖油…適量
粉紅胡椒…適量
巴西里…適量

※醃漬液
材料一次準備量（牛心1kg份用）
水…1L
白葡萄酒醋…500ml
純橄欖油…20ml
檸檬汁…20ml
砂糖…40g
芹菜鹽…20g
胡椒…少量
芹菜（含葉）…1枝
檸檬…適量

1 將芹菜、檸檬以外的所有材料混合。
2 加入適度切碎的芹菜和檸檬。

作法

1

牛心切大塊，用80℃的熱水約加熱15分鐘。從熱水中撈出，瀝除水分後放入醃漬液中醃漬，放入冷藏庫約靜置1天備用。

2

雞胗大致切塊。岩鹽和乾燥香草混合後填入容器中，上面蓋上廚房紙巾。上面再排入雞胗，蓋上廚房紙巾。之後放上混合好的岩鹽和乾燥香草類，放入冷藏庫約靜置半天備用。

3 牛後小腿肉切成棒狀，在表面撒上柚子鹽，用純橄欖油醃漬，放入冷藏庫約靜置3小時備用。

4
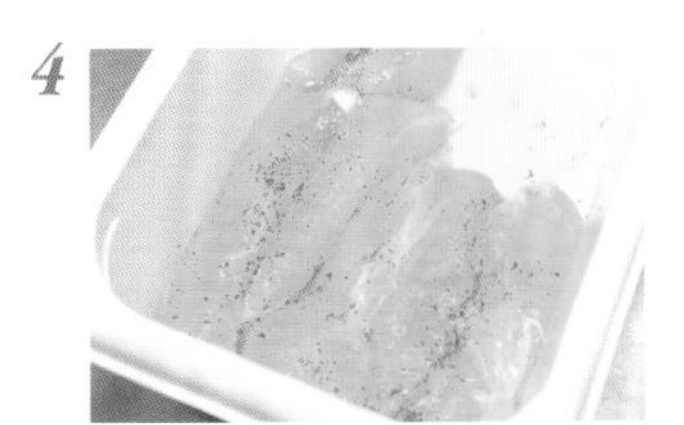
在雞柳表面撒上青芥末鹽，用純橄欖油醃漬，放入冷藏庫約靜置3小時備用。

5

從1、2、3、4分別取出肉類，放在網架上烘烤。用大火烘烤表面，烤至約三分熟即可。

6 將5的肉類稍微放涼，分別切片。牛心切成厚約5mm。雞胗切成厚約7mm。牛後小腿肉切成厚約5mm，輕拍讓肉片延展。雞柳切厚約7mm。

7 將6盛入盤中。雞柳上撒上青芥末鹽。牛後小腿肉上撒上巴薩米克醋醬汁。裝飾上水菜、切絲胡蘿蔔、紅心蘿蔔、蘘荷、切片檸檬。整體淋上EXV橄欖油，再撒上粉紅胡椒和切碎的巴西里。

食譜見 P.104

Kiredo的野茴香和德國洋甘菊醃漬的大西洋鮭魚　佐甜菜優格醬汁

大塚雄平「葡萄酒酒場 est Y」店東兼主廚

食譜見 P.105

檸檬、香草漬白蘆筍
佐百香果油醋醬

大塚雄平「葡萄酒酒場 est Y」店東兼主廚

醃漬肉風味　宮崎產黑岩土雞胸肉

大塚雄平「葡萄酒酒場 est Y」店東兼主廚

醃漬肉風味　宮崎產黑岩土雞胸肉

利用醃漬，讓豐嫩多汁的肉質味道更濃郁

這道料理使用放養在宮崎尾鈴山的黑岩土雞製作。它屬於法國的紅雞品種，肉質不像日本雞那麼硬，具有適度的彈性，豐潤多汁。為了讓顧客好好品味這樣的肉質，肉沒煮至熟透，而醃製成生雞柳風味。以紅葡萄酒醋、醬油和白葡萄酒等混合成的醃漬液，感覺像是橙味醬油。料理完成後只淋上少量醬汁。黑岩土雞的胸肉油脂少，風味細緻。柔嫩豐潤的肉質咀嚼後，口中將充滿以醃漬液增添厚味的肉汁。盛盤時除肉片外，還有由四街道農家「Kiredo」栽培，清炸過的紅蔥頭，以及味道極甜的切片鮮番茄。

材料（1人份）

黑岩土雞胸肉…160g
鹽…適量
醃漬液※…適量
紅蔥（切絲後清炸）…1根
中等大小番茄（切片）…1/2個
紅蔥頭（切末）…少量
檸檬汁…少量
EXV橄欖油…適量
蔥的花…適量

※醃漬液
材料
紅葡萄酒醋…80ml
醬油…80ml
白葡萄酒…80ml
水…80ml
鹽…適量
胡椒…適量
檸檬…1/3個
青辣椒…1/2個

1 在鍋裡放入紅葡萄酒醋、醬油、白葡萄酒和水加熱，煮到酒精蒸發。加鹽和胡椒調味。
2 將1放入保存容器中，擰取檸檬汁，檸檬也直接一起放入容器中，加青辣椒，涼至微溫後，放入冷藏庫中冰涼。

作法

1
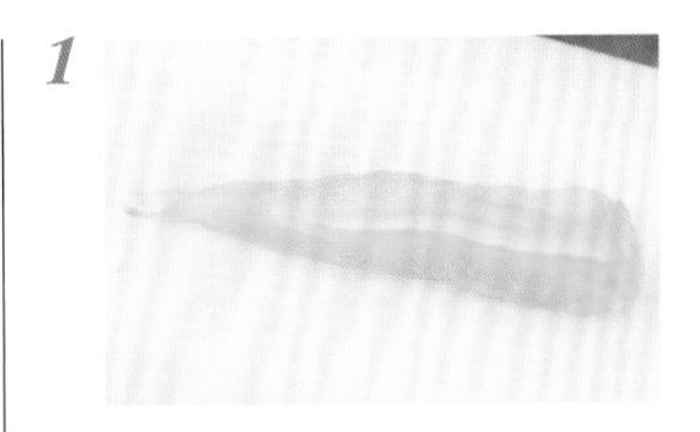
雞胸肉去皮。

2

在鍋裡放入0.5%的鹽，放入雞肉汆燙至表面泛白為止。

3

在保存容器中倒入醃漬液，雞肉趁熱放入涼的醃漬液中浸泡。用廚房紙巾覆蓋，放入冷藏庫醃漬一晚。

4
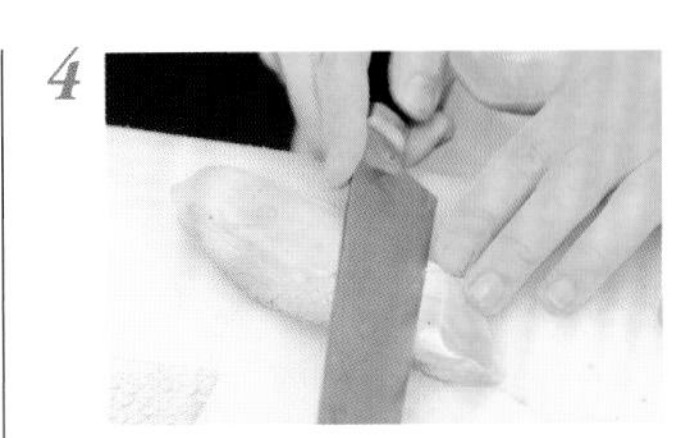
醃漬好的雞胸肉切成15mm厚的肉片，盛入盤中。

5 再盛入番茄片，撒上切末的紅蔥頭。

6 均勻淋上醃漬液，整體再均勻淋上EXV橄欖油。

7 放入清炸的紅蔥，撒上蔥的花。在雞胸肉上慢慢滴上檸檬汁。

Kiredo的野茴香和德國洋甘菊醃漬的大西洋鮭魚
佐甜菜優格醬汁

消除鮭魚獨特的氣味，增添清爽風味

料理圖見 P.100

大西洋鮭魚具有鱒屬魚類特有如小黃瓜般的氣味，因此我使用了在同種香味之上的茴香，以及香味清爽的德國洋甘菊醃漬。透過醃漬，除了消除鮭魚本身的氣味外，更重要的是在魚肉中加入清爽的香味。醃漬不只有利保存，還能濃縮香味和鮮味，所以這道菜也是本店的人氣料理。醬汁是佐配甜菜優格醬汁。甜菜根是千葉四街道的農家「Kiredo」所栽培，水煮後打成泥，混合清爽的優格製成醬汁。盛盤時還加入剛採收的豐富蔬菜。

材料（準備量）

大西洋鮭魚…1.2kg
綜合鹽※…適量
檸檬（切片）…1個
柳橙（切片）…1個
甜菜優格醬汁※…適量
德國洋甘菊精※…適量
小黃瓜（切片）…2片
茴香（Foeniculum vulgare）…1片
紫高麗…適量（切片）
淡紫蘿蔔（切片）…2片
日蔬菜蕪菁（切片）…2片
柳橙…適量
蠶豆的花芽…適量
綠花椰菜芽…適量
野莧菜葉…適量
EXV橄欖油…適量

※綜合鹽
材料（準備量）
野茴香…20g
德國洋甘菊…10g
岩鹽…700g
砂糖…1kg

※甜菜優格醬汁
材料
甜菜根…1個
紅葡萄酒醋…30ml
孜然…1小撮
蜂蜜…30g
核桃油…30ml
優格…適量

1 在鍋裡放入帶皮甜菜根，從涼水開始煮起。
2 在果汁機中放入煮好的甜菜根、紅葡萄酒醋、孜然、蜂蜜和核桃油攪打混合。
3 在鋼盆中倒入 2，加入等比例的優格混合。

※德國洋甘菊精
材料
德國洋甘菊…2g
水…50ml
檸檬…1/8個
核桃油…5ml

1 在鍋裡煮沸水，放入德國洋甘菊煮出味道。
2 在鋼盆中，放入1、檸檬和核桃油混合。

作法

1 製作綜合鹽。將野茴香和德國洋甘菊大致切碎。若切得很細，香味會變得不佳，所以大致切碎即可。

2 在鋼盆中放入砂糖和鹽，加入1充分揉搓混合。

3 鮭魚去骨，在背部皮上劃切口。

4

在淺鋼盤中鋪入保鮮膜，排入適量的2、柳橙片和檸檬片。鮭魚皮面朝下放入其中。再覆蓋上 2、柳橙片和檸檬片。用保鮮膜包住放入冷藏庫醃漬1天～1天半。

5 從冷藏庫取出的鮭魚，沖水洗掉鹽和砂糖，用廚房紙巾擦掉水分。

6

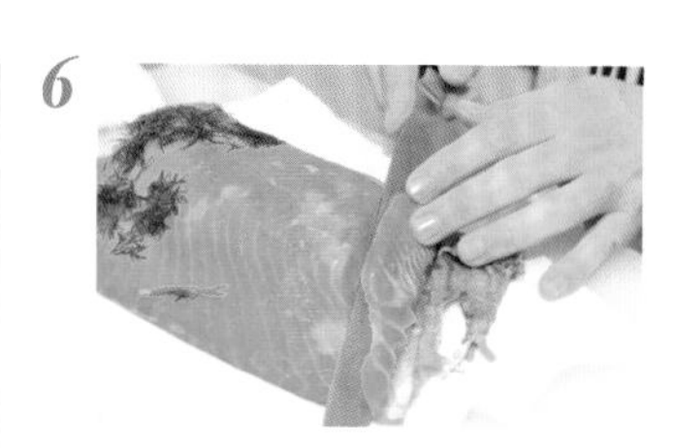

鮭魚切成1.5mm厚的魚片，盛入盤中。再盛入甜菜優格醬汁，放入淡紫蘿蔔，加上蠶豆的花芽。

7 盛入切片茴香、小黃瓜、紫高麗和日蔬菜蕪菁。盛入綠花椰菜芽。整體淋上洋甘菊精。

8 盛入野莧菜葉，均勻淋上EXV橄欖油。

9 在鮭魚上只沾一點岩鹽，鮭魚上放上切好的柳橙肉。

保存時

鮭魚醃漬後，用水清洗完要保存時，放上野茴香、德國洋甘菊、柳橙和檸檬，用保鮮膜包好後放入冷藏庫中。

檸檬、香草漬白蘆筍
佐百香果油醋醬

香草＋檸檬＋白蘆筍的香味加乘效果

料理圖見 P.101

這道是以白蘆筍為主角，讓人享受春天香味的料理。白蘆筍先用香草莢和檸檬煮過，融入清爽的檸檬味和香草的香甜味，目的是和白蘆筍的香味形成加乘效果。而且，添加香草能減少砂糖用量。白蘆筍的皮具有香味，烹調重點是利用皮讓醃漬液增加香味。烏賊觸足和蝦香煎一下後，加奶油和百香果醬汁調拌。最後添加的是千葉四街道的「Kiredo」所販售的迷迭香的花，其花蜜很甜，也能像食用花般食用，非常美味。

材料

白蘆筍…3根
醃漬液※…適量
百香果油醋醬※…適量
白蝦…4尾
槍烏賊觸足…2杯份
橄欖油…適量
奶油…5g
鹽…適量
胡椒…適量
迷迭香的花…適量

※醃漬液
材料
水…1.5L
香草莢…1/2根
檸檬…1/2個
砂糖…100g
鹽…8g

※百香果油醋醬
材料（準備量）
百香果糊…40ml
柳橙汁…20ml
EXV橄欖油…20ml
核桃油…40ml
鹽…少量
香草莢…1/3根
白葡萄酒醋…15ml
砂糖…40g
檸檬汁…1/3個份

1 將材料放入調味罐中，充分搖晃混合。

作法

1 用刨刀削去白蘆筍下方2/3的皮。

2 在鍋裡放入水1.5L煮沸，放入醃漬液分量的鹽，放入皮水煮。因蘆筍皮的香味濃，所以要放入。在鍋裡榨入檸檬汁，連皮直接加入，再放入砂糖。

3 香草莢切半，用刀刮出裡面的香草荳放入，連豆莢也一起放入鍋裡。

4 從鍋裡取出白蘆筍皮，再放入白蘆筍。

5 白蘆筍煮到橫拿起會彎曲為止。煮好後熄火，直接置於常溫下放涼。

6 放涼後換到淺鋼盤中，放入冷藏庫醃漬一晚。

7 從冷藏庫取出白蘆筍斜向切成3等份。蝦去背腸，劃切口。加熱平底煎鍋，倒入橄欖油，拌炒蝦和烏賊觸足。加鹽和胡椒。

8 放入白蘆筍，再放入百香果油醋醬稍微加熱。加入奶油，最後加鹽和胡椒調味。

9 在深盤中，先盛入白蘆筍的根部。再盛入烏賊觸足和蝦。

10 接著盛入白蘆筍的穗，淋上百香果油醋醬。最後盛入迷迭香的花。

食譜見 P.112

薰衣草漬鵝肝凍派　佐貴腐甜酒凍

梶村良仁「Brasserie La・mujica」店東兼主廚

食譜見 P.113

融合香料麵包的香煎鹿肉　佐紅酒醬汁

梶村良仁「Brasserie La・mujica」店東兼主廚

食譜見 P.114

淺燻煎干貝　佐白花菜醬汁

梶村良仁「Brasserie La・mujica」店東兼主廚

食譜見 P.115

生菜沙拉

梶村良仁「Brasserie La・mujica」店東兼主廚

裹香草麵包粉煎烤　血橙漬豬小排

梶村良仁「Brasserie La・mujica」店東兼主廚

食譜見 P.117

黑糖漬鳳梨　黑啤酒雪酪　椰子泡沫

梶村良仁「Brasserie La・mujica」店東兼主廚

薰衣草漬鵝肝凍派　佐貴腐甜酒凍

使用乾薰衣草醃漬。還添加貴腐甜酒的香氣

料理圖見 P.106

這道料理是以薰衣草醃漬鵝肝製成凍派，組合散發蜂蜜般甜味與香味的蘇玳貴腐甜酒凍。本店全年都提供使用鵝肝烹調的各式風味料理，但這一盤的重點著眼於「香味」。具有溫和、優美香味的薰衣草，是大眾熟悉的香草，大眾化的香味，不會太過鮮明影響到顧客品味鵝肝的味道。鵝肝在事前醃漬階段調味刻意稍淡，盛盤時才組合重點香味。那就是著名的蘇玳貴腐甜酒，它的香味和鵝肝的甜味非常對味 。讓人品嚐到甜味高雅、味道濃郁的凍派更奢華的風味。佐配味道略苦的春季玉簪芽沙拉，使料理的味道更富變化。

材料（凍派容器1個份）

鵝肝…1kg
鹽…13g
白砂糖…6g
乾薰衣草…3g
（完成用）
貴腐甜酒凍※…適量
玉簪芽（Hosta sieboldiana）沙拉※
…適量
葡萄…適量
鹽之花…適量
乾薰衣草…適量

※貴腐甜酒凍
材料（準備量）
蘇玳（Sauternes）貴腐甜酒…100g
水…50g
蜂蜜…10g
鹽…2g
吉利丁片…5g
檸檬汁…4g

※玉簪芽沙拉
1 用油醋醬調拌切成4～5cm寬的玉簪芽和綜合蔬菜嫩葉。

作法

1 鵝肝分切成2片，用鑷子剔除血管和筋膜。

2 混合鹽、白砂糖和乾薰衣草，塗覆在1的鵝肝上，採真空包裝放入冷藏庫醃漬一晚。

3 讓2回到室溫後，用58℃的熱水隔水加熱約45分鐘。

4 從真空包裝中取出，在鋪了保鮮膜的凍派容器中密實填入鵝肝。壓上相同大小的凍派容器，以去除多餘的油脂，放入冷藏庫冷藏使其凝結。

5 製作貴腐甜酒凍。將蘇玳貴腐甜酒、水、蜂蜜和鹽混合煮沸，加入泡水回軟的吉利丁片使其融化。加入涼至微溫的檸檬汁，冷藏使其凝結。

6

分切鵝肝凍派，盛入容器中，放上切碎的貴腐甜酒凍。

7

加上玉簪芽沙拉和葡萄，最後撒上鹽之花和乾薰衣草。

融合香料麵包的香煎鹿肉　佐紅酒醬汁

紅肉配紅葡萄酒。絕對合味讓鹿肉更美味

料理圖見 P.107

鹿肉富野趣的紅肉與紅葡萄酒天造地設的對味。以酒體濃厚的紅葡萄酒醃漬後，味道略濃的紅肉血香味及腥味，變化出不同的鮮味與風味，同時也讓稍硬的肉質變得較柔軟。我大多採真空包裝醃漬，是因為這樣只需很少的醃料，而且短時間就能入味。這個醃漬液中已溶出鹿鮮味。我希望能夠充分利用鹿肉的鮮味，所以用剔除的鹿骨和硬筋熬煮出的高湯為底料，加入醃漬過的紅葡萄酒熬煮成醬汁。混入蜂蜜、香料的香料麵包的麵包粉裹覆後的香煎鹿肉，是冬季野生鳥獸系列料理才能品嚐到的美味。香料麵包的甜味與鹿肉絕妙合味，香酥的口感也是料理的一大特色。

材料（2盤份）

蝦夷鹿里肌肉…250g
紅葡萄酒…120ml
洋蔥…20g
胡蘿蔔…10g
芹菜…10g
月桂葉…1片
黑胡椒粒…5～6顆
鹽、黑胡椒…各適量
英式蛋奶醬（Anglaise）…適量
※麵粉中加入蛋和冷水混合。
香料麵包（Pain d' Epices）…適量
※將加入大茴香、薑、蜂蜜等烘焙成的麵包弄碎，經乾燥後再用食物調理機攪成粉。
沙拉油…適量
紅酒醬汁※…參見下方分量
季節蔬菜（綠蘆筍、磨菇、玉米筍等）…適量
鹽之花、粗磨胡椒粉…各適量

紅酒醬汁
材料
醃漬液…80g
※醃漬鹿肉後的醃漬液。
紅葡萄酒醋…8g
鹿高湯…60g
※鹿骨、硬筋和調味蔬菜一起熬煮出的高湯。
調水的玉米粉…適量
鹽、黑胡椒…各適量
奶油…20g

作法

1

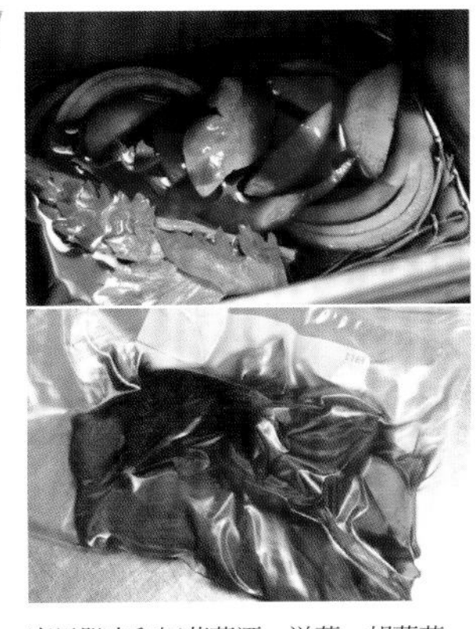

鹿里肌肉和紅葡萄酒、洋蔥、胡蘿蔔、芹菜、月桂葉和黑胡椒一起真空包裝，醃漬1～2小時。

2

取出醃漬好的鹿里肌肉，瀝除水分，撒鹽和黑胡椒，沾裹英式蛋奶醬，再沾上香料麵包粉，放入已加熱大量沙拉油的平底鍋中，香煎兩面。

3 煎至上色後，放入190℃的烤箱中，烘烤2～3分鐘。

4

製作紅葡萄酒醬汁。在醃漬好鹿里肌肉的醃漬液中，加入紅葡萄酒醋，熬煮到剩1/6量後加入鹿高湯，再熬煮至一半的量。最後用調水的玉米粉增加濃度，加鹽和黑胡椒調味，再加奶油增加濃稠度。

5 在容器中倒入醬汁，盛入3和季節蔬菜，撒上鹽之花和粗磨胡椒粉。

淺燻煎干貝　佐白花菜醬汁

醃漬後冷燻。以煙燻香味與香料挑逗食欲

料理圖見 P.108

這道是增添煙燻香味的煎干貝，佐配上能享受白花菜口感的醬汁。煙燻香味挑人食欲，也會讓人想喝一杯。因此，本店菜單的前菜中，有許多使用時令海鮮製作的涼菜。這次我使用新鮮、優質的大干貝，採兩階段烹調，先冷燻再香煎，成為別具一格的海鮮料理。為了讓顧客品嚐到新鮮干貝的甜味，冷燻後香煎只至上色程度，以保留貝肉的生嫩口感。搭配煙燻獨特香味的醬汁，具有鮮奶油般溫潤的口感，我以香料來增加重點風味。醬汁中還加入比白葡萄酒醋更具個性的雪利酒醋來增添酸味。醬汁的一部分是有口感的白花菜，我在切法上設法讓它也能作為配菜。

材料（1盤份）

新鮮干貝（生食用）…4個
※相對干貝1kg的分量
鹽…12g
白砂糖…3g
白胡椒…1g
香料風味白花菜醬汁※…參見下方分量
沙拉油…適量
菊苣…適量

※香料風味白花菜醬汁
白花菜…40g
鮮奶油…30g
雪利酒醋…10g
薑黃粉…適量
辣椒粉…適量
瑪薩拉綜合香料（Garam masala）…適量
卡宴辣椒粉（Cayenne pepper）…適量
迷你番茄（紅・黃）…各1個
奶油…10g
調味香料（Fines herbes）…適量
※切碎新鮮香草製成。

作法

1 干貝抹上鹽、白砂糖和白胡椒混成的調味料，採真空包裝醃漬1～2小時備用。

2 在煙燻鍋中放入櫻木屑，冒出煙後放上1，約冷燻15分鐘。

3

製作醬汁。白花菜分小株，用鹽水煮過後用濾網濾除水分，切碎。在鍋裡放入鮮奶油、雪利酒醋和香料類熬煮。煮至剩1/4量後，加白花菜和迷你番茄混合，加奶油增加濃度，再加調味香料。

4

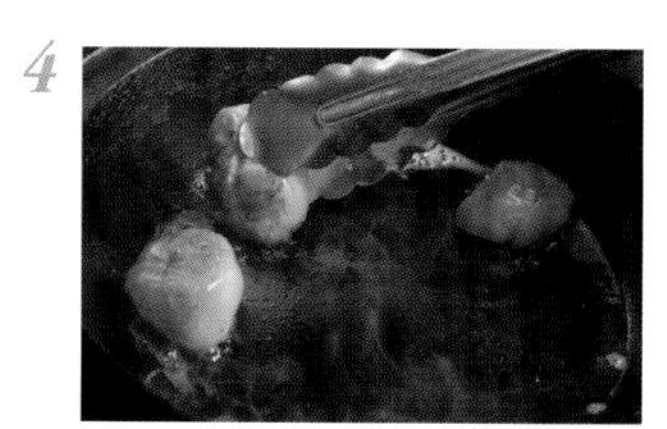

在平底鍋中加熱沙拉油，將 2 的兩面稍煎一下。

5 將 4 盛入盤中，淋上 3 的醬汁，放上菊苣。

生菜沙拉

法國的家常沙拉。不論單品或拼盤都令人開心

料理圖見 P.109

生菜沙拉（Crudité）是指用調味醬調拌生蔬菜的沙拉拼盤。在法國，它是受歡迎的日常家庭料理。基本上，製作生菜沙拉是用可生食的蔬菜，以簡單的調味醬調拌，讓人享受蔬菜的原味。這裡介紹的胡蘿蔔、胡瓜、甜菜根和根芹菜，都是生菜沙拉常用的代表性蔬菜。在本店，這些沙拉大多作為前菜的配菜。製成沙拉拼盤時，我變化多種調味醬，希望能讓顧客享受多樣化的風味。為了能夠盡情享受嚼感佳的生蔬菜，建議使用不過度加工，味道較單純的調味醬。

材料（準備量）

胡蘿蔔…300g
鹽…適量
葡萄乾…20g
油醋醬…60g
巴薩米克醋…10g
芥末醬…15g
柳橙汁…80g
※熬煮剩1/4量。

小黃瓜…300g
鹽…適量
瀝除水氣的優格…50g
※優格100g瀝除水分成為一半量。
檸檬汁…8g

根芹菜…300g
鹽…適量
美奶滋…30g
油醋醬…30g
檸檬汁…4g

甜菜根…300g
鹽…適量
鮮奶油…30g
油醋醬…30g
覆盆子醋…12g

（完成用）
核桃（烤過的）…適量
巴西里（切末）…適量
蒔蘿…適量

作法

1 胡蘿蔔切絲，撒點鹽靜置約1小時，擠除水分，加葡萄乾、油醋醬、巴薩米克醋、芥末醬和柳橙汁調拌。

2 小黃瓜切小截，撒點鹽靜置約1小時，擠除水分，加優格和檸檬汁調拌。

3 根芹菜切絲，撒點鹽靜置約1小時，擠除水分，加美奶滋、油醋醬和檸檬汁調拌。

4 甜菜根切丁，用鹽水稍煮，瀝除水分，加鮮奶油、油醋醬和覆盆子醋調拌。

5

在容器中盛入1～4，胡蘿蔔上撒核桃、根芹菜上撒巴西里、小黃瓜上撒蒔蘿。

裹香草麵包粉煎烤　血橙漬豬小排

在醃漬狀態下低溫加熱。增添鬆軟柔嫩魅力

料理圖見 P.110

濃郁的血橙香甜味與豬肉油脂的甜味與風味非常對味。豬肉中，又以鹿兒島產的黑豬含有優質的油脂，腥味少，風味清爽，和血橙最合味。我使用能讓人細細品味極美味油脂的豬小排，帶骨肉的十足分量感也是它的魅力，不過有些人覺得會小排肉吃起來較辛苦而對它敬謝不敏。因此，一定要花工夫將它煮得肉骨很容易分離。若採真空包裝以低溫隔水烹調的話，油脂不會釋出，完成後肉質柔嫩可口，整體也能均勻加熱。因為肉已變得鬆軟柔嫩，最後沾上芳香的香草麵包粉烘烤，來增添酥鬆爽口的口感。隔水加熱時釋出的豬肉高湯，也能用於醬汁中。

材料（4盤份）

黑豬小排…1kg
A
　鹽…11g
　白砂糖…4g
　白胡椒…1g
血橙表皮、薄皮…各適量
英式蛋奶醬…適量
香草麵包粉…適量
※在自製吐司製成的麵包粉中混入巴西里。
芥末醬醬汁※…參見下方分量
巴薩米克醬汁…適量
季節蔬菜（西洋油菜（Brassica napus）、美國種豌豆莢、香菇、玉米筍）…適量
血橙（從瓣膜中取出果肉）…適量

※芥末醬汁
材料
豬小排高湯…40g
水…40g
第戎芥末醬…30g

作法

1 在黑豬小排上抹上A，和血橙表皮及取出果肉的薄皮一起真空包裝，醃漬一晚。

2 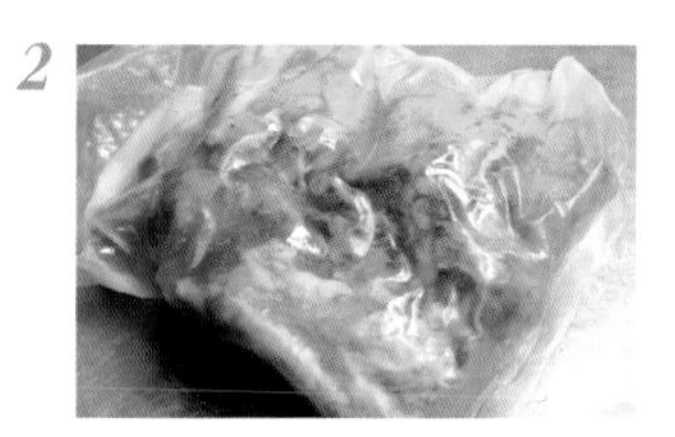

在真空包裝狀態下，放入73℃的熱水中，隔水加熱3～4小時。

3 

提供時取出，僅單面沾裹英式蛋奶醬，再沾上香草麵包粉，用平底鍋煎至上色後，放入190℃的烤箱中烤10分鐘。

4 製作芥末醬汁。將豬小排高湯（隔水加熱時釋出的煮汁）和水混合加熱，熄火後混合芥末醬。

5 在容器中盛入3的豬小排和血橙，盛入季節蔬菜，倒入芥末醬汁和巴薩米克醬汁。

黑糖漬鳳梨　黑啤酒雪酪　椰子泡沫

用黑糖醃漬，增添厚味與甜味。調和黑啤酒的苦味

料理圖見 P.111

這是專為夏季設計的一道甜點。設計的初衷，是希望讓顧客享受主角鳳梨與黑啤酒雪酪兩種不同特色的組合。為了讓生鳳梨的味道不亞於黑啤酒的苦味，我用甜味濃郁有個性的黑糖醃漬。黑糖與黑啤酒，基本上，顏色相同的食材都很合味。鳳梨的酸甜味中加入黑糖濃厚的甜味，與黑啤酒醇厚的苦味絕妙地對味。並用香堤鮮奶油增加圓潤風味，以椰子香味裝點出熱帶的氣息。整體來說，它是專為成人設計的甜點，不過甜味極佳的雪利酒只節制地使用一匙，以營造更豪華的風味。

材料（4盤份）

鳳梨（切丁）…80g
黑糖…25g
鳳梨（切薄片）…4片
糖漿※…適量
香堤鮮奶油…適量
佩德羅希梅內斯（Pedro ximénez，甜雪利酒）…茶匙1匙
黑啤酒雪酪※…適量
椰子泡沫※…適量

※糖漿
材料（準備量）
水…100g
白砂糖…100g
白葡萄酒醋…15g

1 混合材料煮沸後放涼。

※黑啤酒雪酪
材料
黑啤酒…1L
白砂糖…150g
水…500g
檸檬汁…20g

1 黑啤酒、白砂糖和水混合加熱，煮沸前離火急速冷卻，適度保留酒精。
2 在1中加檸檬汁，用冰淇淋製造機製成雪酪。

※椰子泡沫
材料
椰子醬…50g
鮮奶…50g
白砂糖…10g
卵磷脂…4g

1 將椰子醬、鮮奶、白砂糖和卵磷脂混合煮沸，用打蛋器攪打出泡沫。

作法

1 將鳳梨切成1cm的小丁，以及切成極薄片。

2

在切成1cm小丁的鳳梨中撒上黑糖，約醃漬1小時。

3 切薄片的鳳梨和糖漿一起採真空包裝，約醃漬1小時後，排放在烤盤上，放入80℃的烤箱中乾燥3～4小時。

4 在容器中擠入香堤鮮奶油，鋪入佩德羅希梅內斯雪利酒，放上黑啤酒雪酪、椰子泡沫、黑糖漬鳳梨，再放上3的鳳梨和薄荷葉。

食譜見 P.122

醃櫻鱒

廣瀨康二「Bistro Hutch」主廚

醃鯡魚

廣瀨康二「Bistro Hutch」主廚

食譜見 P.124

醃針魚和玉簪芽

廣瀨康二「Bistro Hutch」主廚

食譜見 P.125

綜合醃菇

廣瀨康二「Bistro Hutch」主廚

醃櫻鱒

以醃漬去除魚肉水分和腥味，濃縮鮮味

料理圖見 P.118

擁有美麗櫻花色彩的櫻鱒，是櫻花盛開季節的限定菜色。櫻鱒含有適度的油脂，鮮味高雅，不過多少還是能感受到淡水魚特有的土腥味。因此，烹調時必須利用醃漬手法，在去除魚肉多餘水分的同時，也一併消除土腥味。魚肉醃漬後再放入冷藏庫讓表面變乾，可去除更多水分，濃縮鮮味。除了綿細魚肉的美味外，我還費工將魚皮煎至焦脆。鮭科魚類魚皮也很美味，所以我把皮面壓在平底鍋裡來煎烤，直到皮面焦脆為止。完成後若直接靜置，餘溫會繼續加熱，這樣會影響魚皮的焦脆口感，因此我將它放入冷凍庫急速冷凍，以冷盤提供。醃漬時使用紅甘蔗製作的紅糖，紅糖比白砂糖或上白糖味道更香濃。具有清爽酸味的乳脂狀起司中，加入蒔蘿、山蘿蔔和檸檬汁，更添香味與酸味。

材料（4人份）

櫻鱒…60g
鹽…適量
紅糖…適量
粗磨白胡椒…適量
白黴起司…適量
蒔蘿…適量
山蘿蔔…適量
檸檬汁…適量

作法

1

櫻鱒以三片切法分切好，去除腹骨。

2

切下的魚片放在淺鋼盤中，整面撒滿鹽。肉厚處鹽撒厚一點。接著撒紅糖、粗磨白胡椒，約醃漬40分鐘。

3

用流水洗掉 2 後，擦除水分，放入冷藏庫靜置1小時以上，讓表面變乾。

4 將白黴起司細細切碎，混合蒔蘿、山蘿蔔和檸檬汁。

5

將 3 切成一片約60g，皮面朝下放入已加熱橄欖油的平底鍋中，將表皮煎至焦脆，立刻放入冷凍庫急速冷凍。

6 將魚片盛入容器中，再放上 4 的白黴起司、蒔蘿和山蘿蔔。

醃鯡魚

肉質柔嫩的鯡魚醋漬後，味道更濃、肉更有彈性

料理圖見 P.119

過去使用沙丁魚的料理，這次我用春季的鯡魚製作。不太常見的生鯡魚頗珍稀，作為季節菜色也受到大眾的矚目。我使用生魚片用鮮度佳的鯡魚，分三階段適度醃漬，先鹽漬、再醋漬，最後油漬，形成豐厚的美味。完成後立即用很美味，不過靜置一會兒或讓它熟成後呈現的美味，也饒富魅力，這道料理很適合搭配白葡萄酒。提供時，組合綠沙拉成為沙拉風味。油漬時，雖然和能消除魚腥味的蒔蘿一起醃漬，不過仍會殘留青魚特有的氣味。為了緩和這個味道，料理中還加入蜜漬薑。作法是生薑用熱水煮沸後換水3次適度地去除辣味，再用蜂蜜和砂糖蜜漬。生薑恰好的辣味與甜味和鯡魚非常合味。我以前習藝的「北島亭」餐廳，牛尾魚都會加上蜜漬薑。我也將它應用在這道料理中。

材料（1人份）

鯡魚（生魚片用）…1/2尾
鹽…適量
白葡萄酒醋…適量
橄欖油…適量
蒔蘿…適量
（完成用）
綠沙拉…適量
油醋醬…適量
洋蔥（切片）…適量
紅・黃彩色甜椒（切成小丁）…適量
綜合蔬菜嫩葉…適量
蜜漬薑※…適量
EXV橄欖油…適量

※蜜漬薑
材料
薑絲…適量
砂糖…適量
蜂蜜…適量

1 將切得極細的薑絲用熱水煮沸後換水再煮共3次，加砂糖和蜂蜜加熱到水分收乾，製成油封蜜漬薑。

作法

1

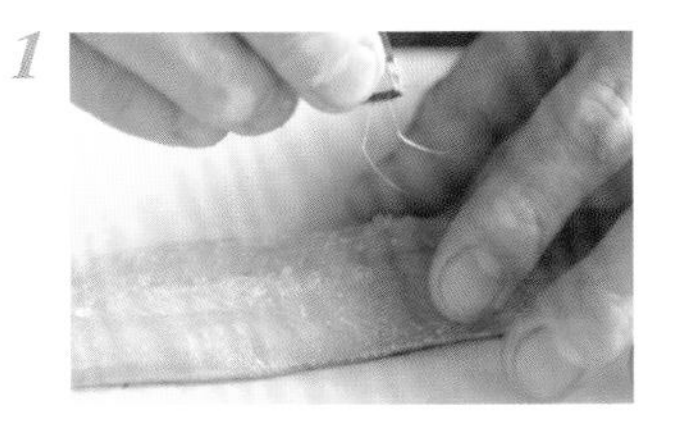

鯡魚是使用生魚片用的新鮮魚。以三片切法分切後，仔細拔除小魚骨。

2

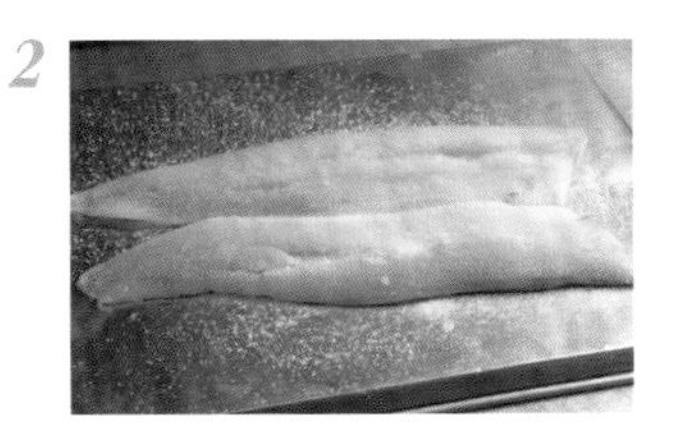

在1的魚肉上撒鹽靜置約10分鐘，用流水洗去鹽分，擦乾水分。

3

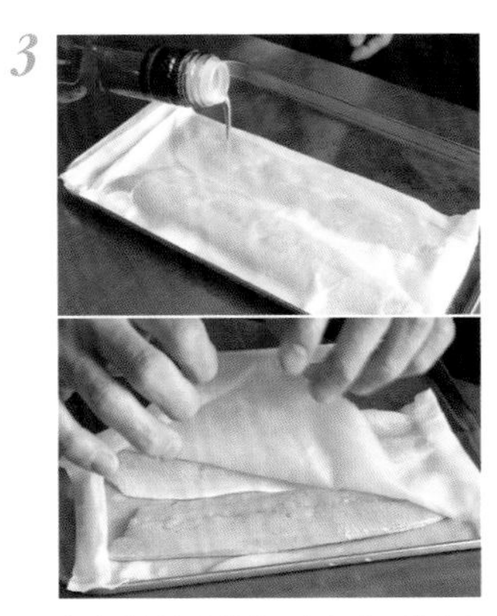

在廚房紙巾上放上2包起來，淋上白葡萄酒醋弄濕紙，在此狀態下靜置10分鐘。

4

魚肉泛白後取出，放入鋪了蒔蘿的淺鋼盤中，均勻淋上橄欖油，再放上蒔蘿，約油漬2天。

5 在容器中盛入已調拌油醋醬的綠沙拉，放上切片漬鯡魚、洋蔥、彩色甜椒、綜合蔬菜嫩芽和蜜漬薑，最後均勻淋上EXV橄欖油。

醃針魚和玉簪芽

味道清淡的針魚用醬油薄醃，和調味醬充分融合

料理圖見 P.120

這道讓人享受針魚組合玉簪芽風味的簡單沙拉。玉簪芽是野菜，苦味太重，所以我選用莖部也很柔軟，澀味、苦味少的「玉簪芽黃」。玉簪芽黃生吃也很可口，最適合用在沙拉裡，不過我重視容易食用及風味，因此莖氽燙後，再用胡蘿蔔調味醬醃漬。針魚沒什麼獨特的臭味，魚肉不沾裹鹽，而是用噴霧器噴上醬油，僅調味程度的分量。在增加濃厚風味與鮮味方面略顯不足之處，我用胡蘿蔔調味醬來補充。胡蘿蔔調味醬除了顏色漂亮外，還能添加胡蘿蔔的甜味，讓料理不論外觀或味道都呈現春天般的柔和風味。

材料（1盤份）

針魚（魚片）…3片
玉簪芽黃…適量
胡蘿蔔調味醬※…適量
醬油…適量
義大利巴西里…適量

※胡蘿蔔調味醬
材料（準備量）
胡蘿蔔…250g
第戎芥末醬…120g
白葡萄酒醋…150g
鹽…14g
調合油…400g
※EXT橄欖油和葵花油混合而成。
黑胡椒…適量

1 胡蘿蔔水煮後和其他材料混合，用果汁機攪碎。

作法

1

針魚以三片切法分切後，去皮，魚片分切成3等份，皮面稍微噴上醬油備用。

2

玉簪芽分切開莖部與葉端，莖部水煮一下後用胡蘿蔔調味醬醃漬備用。

3 在容器中盛入2的玉簪芽，在周圍放上1的針魚，再裝飾上玉簪芽葉和義大利巴西里。

綜合醃菇

食材、醃料都加熱，能長期保存

料理圖見 P.121

將口感和味道互異的數種菇類組合，製作出這道醃漬常備菜。因為它能事先製作，需用時立刻取出，所以我大多會在費時的料理前推薦給顧客。切成好食用一口大小的菇類，充分炒熟後，再浸泡在醃料中。以油和醋為底料的醃料也會加熱，讓醃漬料理更耐保存。油是使用橄欖油與葵花油混合的綜合油。只用橄欖油的話，香味會太濃。我還使用甜味柔和的蜂蜜來增添適當的濃度。我希望醃料的酸味較圓潤，所以白葡萄酒醋也略微熬煮。另外為增加爽脆的重點風味，只有紅蔥頭最後才加入。

材料（準備量）

鴻禧菇、杏鮑菇、香菇、蘑菇
…各500g
鹽、胡椒…各適量
橄欖油…適量
巴西里切碎…適量
醃料
調合油…150g
※EXT橄欖油和葵花油混合而成。
大蒜（切末）…65g
紅蔥頭（切末）…75g
白葡萄酒醋…150g
蜂蜜…100g
鹽…適量

作法

1 所有菇類都切成一口大小，放入已加熱橄欖油的鍋裡，加鹽和胡椒充分拌炒。炒好後放在濾網上瀝除油分。

2 用調和油拌炒醃料的大蒜，散發香味後，加白葡萄酒醋略熬煮，讓酸味揮發，加蜂蜜增加適當的濃度。最後加紅蔥頭，用鹽調味。

3 用醃料調拌1的菇類，盛入容器中，放上切碎的巴西里。

食譜見 P.132

ESSENCE風味　西班牙番茄冷湯

內藤史朗「ESSENCE」店東兼主廚

食譜見 P.133

醃條斑星鰈和雪蓮薯

內藤史朗「ESSENCE」店東兼主廚

食譜見 P.134

烤加拿大馬橫膈膜

內藤史朗「ESSENCE」店東兼主廚

食譜見 P.135

鵝肝、草莓和梅酒凍的千層派

內藤史朗「ESSENCE」店東兼主廚

日本酒蜜漬無花果

內藤史朗「ESSENCE」店東兼主廚

日本酒蜜漬無花果

短暫煮沸，一面冷卻，一面使其入味

帶皮無花果整顆泡入加了日本酒的糖漿中蜜漬。日本酒是使用以生酛釀造技法釀製的純米吟釀酒，香味佳。和無花果的香甜味也非常對味。無花果在浸泡的狀態下煮沸，煮沸後立刻熄火，連盆泡冰水冷卻。也可以加入吉利丁稍微增加濃度。在冷卻期間濃度和味道都會增加。重點是浸泡鍋的大小剛好能放入無花果即可。相對於無花果，鍋裡水分儘量少一點，無花果的味道釋出後會更好吃。在盤中放上酒粕慕斯和裹上液態氮的蛋白霜。蛋白霜入口後，口、鼻會冒煙，這是富含趣味的小設計。

材料（準備量）

無花果…2個
日本酒（純米吟釀）…200g
水…100g
白砂糖…150g
香草莢…適量
酒粕冰淇淋※…適量
酒粕慕斯※…適量
蛋白霜※…適量
液態氮…適量

※酒粕冰淇淋
材料
鮮奶…100g
白砂糖…40g
水飴…10g
酒粕（大七的液態酒粕）…25g（譯註：大七為製造商名）
鮮奶油…150g

1 將鮮奶、白砂糖、水飴和酒粕混合煮沸，離火後加鮮奶油，用冰淇淋製造機製成冰淇淋。

※酒粕慕斯
材料
鮮奶…100g
白砂糖…20g
酒粕（大七的液態酒粕）…20g
鮮奶油…200g

1 將鮮奶、白砂糖和酒粕混合煮沸，離火後加鮮奶油放涼，放入發泡器中，填充氣體。

※蛋白霜
材料
蛋白…100g
白砂糖…45g
玉米粉…9g

1 在蛋白中加入白加砂糖攪打發泡，混合玉米粉。
2 將1裝入擠花袋中，擠入烤盤中，放入90℃的烤箱中烘烤3小時。

作法

1

在鍋裡放入無花果，加日本酒、水和砂糖開火加熱，煮沸後撈除浮沫，熄火。倒入鋼盆中，盆底泡入冰水中冷卻，使無花果入味。

2

切開無花果盛入容器中，放上酒粕冰淇淋、用發泡器擠出酒粕慕斯，再放上沾裹液態氮的蛋白霜。

ESSENCE風味　西班牙番茄冷湯

為營造綠、紅強烈對比印象的醃漬

料理圖見 P.126

「ESSENCE」的西班牙番茄冷湯，是在小黃瓜凍上，倒入番茄、紅椒和紅洋蔥攪打的汁，使料理呈現雙層的設計。紅、綠鮮麗的色彩常使顧客發出驚歎聲，它是本店夏季推出的著名料理。料理除了充分發揮夏季蔬菜的滋味外，還徹底追求美麗色彩與滑潤的口感。為提引蔬菜的味道，小黃瓜凍僅用鹽醃漬；製作蔬菜汁的紅色蔬菜則用鹽和雪利酒醋醃漬。之後再分別倒入果汁機中攪打，一定要過濾2次成為細滑的菜汁。小黃瓜製成凍雖加入吉利丁，但吉利丁融化後要立刻泡冰水，一面混合，一面讓它冷卻。這時若停手沒充分混合，色素和水分會分離，就無法呈現美麗的綠色。最後黃瓜凍上裝飾上清脆爽口的蔬菜，再倒入紅色蔬菜汁即完成。

材料

小黃瓜（切薄片）…6根
鹽…適量
紅洋蔥（切薄片）、紅椒（切薄片）、
　番茄（切大塊）…各適量
鹽…適量
雪利酒醋…適量
吉利丁片…適量
迷你番茄…適量
紅皮蘿蔔、江都青長蘿蔔…適量
鹽之花、EXV橄欖油…各適量

作法

1 小黃瓜上撒上薄鹽，靜置1小時備用。

2 在番茄、紅椒和紅洋蔥上撒鹽和雪利酒醋，靜置1小時備用。

3

果汁機中放入小黃瓜，加極少的水攪打，加鹽調味，用圓錐形網篩過濾2次，保留小黃瓜汁300g。

4

吉利丁片泡水回軟，加少量小黃瓜汁後加熱，讓吉利丁融化。融化後離火，加小黃瓜汁稀釋。

5

在剩餘的小黃瓜汁中混入 4，盆底泡冰水，一面充分混合，一面冷卻。若呈現漂亮的綠色後，再次過濾，倒入容器中，放入冷藏庫冷藏使其凝結。

6

將 2 也倒入果汁機中攪打，用圓錐形網篩過濾，加雪利酒醋調味。

7

在 5 上放上切好的迷你番茄、切成薄花瓣形的白蘿蔔，撒上鹽之花和EXV橄欖油，再倒入 6。

醃條斑星鰈和雪蓮薯

用鹽水使肉富彈性，提升白肉魚的嚼感和纖細風味

料理圖見 P.127

據說「Mariné（醃漬）」的語源，在古法國是指「泡在海水中」的意思。我認為將魚肉泡在鹽水裡，讓肉質緊縮、增添鹹味，也是醃漬的技法，因而設計了這道料理。條斑星鰈是製作生魚片的美味高級魚。具透明感的美麗白肉，肉質柔韌、細緻。為了最大程度活用這種透明感與細緻度，我將它表現為義式生肉冷盤（Carpaccio）的風味。先用鹽水清洗使魚肉緊縮，以突顯鰈魚特有的嚼感。塗上橄欖油短暫醃漬，再放上用醋熬煮的紅蔥頭。最上面的雪蓮薯的爽脆口感深具魅力，與鰈魚肉呈現截然不同的口感。整體統一為白色，再撒上各式可愛的蔬菜小花，使整盤料理散發雅致的氛圍。

材料

條斑星鰈…1/2尾
鹽水（3%）…適量
雪蓮薯…適量
白葡萄酒醋、水…各等量
鹽…適量
EXV橄欖油…適量
紅蔥頭（切末）…適量
白葡萄酒醋…適量
白蘿蔔的花、芝麻菜的花…各適量
鹽之花…適量

作法

1

條斑星鰈以五片切分切好，去皮成長魚片。準備海水鹽分濃度（3%）的鹽水，充分洗去黏液，用廚房紙巾擦去水分。

2

雪蓮薯去皮。在白葡萄酒醋和水等比例混合的醋水中加1%的鹽，醃漬雪蓮薯。

3

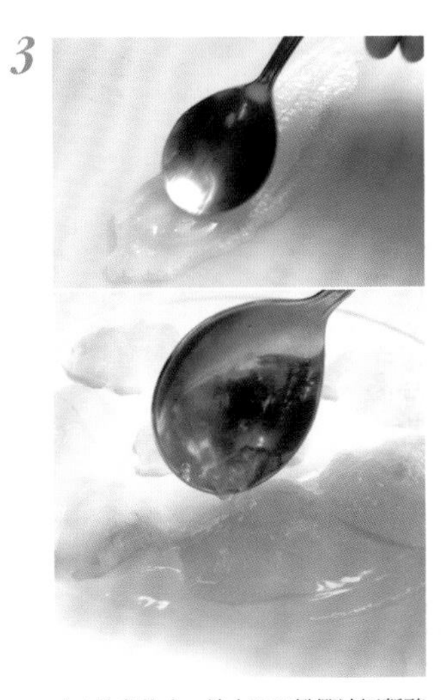

在1的魚片上，塗上EXV橄欖油短暫醃漬，削切成薄片，排放在盤中。上面放上用白葡萄酒醋熬煮的紅蔥頭。

4 撒上白蘿蔔的花和芝麻菜的花， 在魚片上疊上切極薄片的 2 的雪蓮薯，再撒上鹽之花。

烤加拿大馬橫膈膜

用紅葡萄酒醃漬，彌補不足的風味與濃郁度

料理圖見 P.128

馬橫膈膜富含油脂、肉質柔嫩，是不太能感覺到馬肉氣味的部位。以紅葡萄酒醃漬，不僅能消除肉腥味，還能使馬肉和鹿肉等風味較清淡的肉類味道變好。用紅葡萄酒醃漬半天左右，再在肉上均勻撒上鹽和黑胡椒。將肉塊用大蒜和用奶油慢慢加熱。我希望讓顧客享受橫膈膜的柔嫩口感，所以肉的表面不直接煎硬，而是用奶油一面澆淋，一面煎出柔軟的口感。醬汁是在紅葡萄酒中加入牛高湯熬煮而成。醃漬肉的紅葡萄酒中也滲入肉腥味，所以不用於醬汁中。基於「馬前吊胡蘿蔔」這句俗語，我用各色胡蘿蔔當作配菜，還加上甜胡蘿蔔糊。

材料（1盤份）

馬橫膈膜…80g
紅葡萄酒…適量
大蒜…適量
鹽、黑胡椒…各適量
沙拉油…適量
奶油…適量
大蒜…適量
配菜的胡蘿蔔（白胡蘿蔔、紅胡蘿蔔、金時胡蘿蔔、金美胡蘿蔔、紫胡蘿蔔）…適量
紅葡萄酒醬汁…適量
※熬煮紅葡萄酒，加入牛高湯。
雞高湯…適量
橄欖油…適量
胡蘿蔔糊※…適量

※胡蘿蔔糊

1 胡蘿蔔切片，用奶油香煎，加鹽和水燜煮，倒入果汁機中攪打，加奶油即完成。

作法

1

將馬的橫膈膜分切成1人份，放入紅葡萄酒和大蒜中醃漬半天。

2

擦除1的水分，撒上鹽和黑胡椒。

3
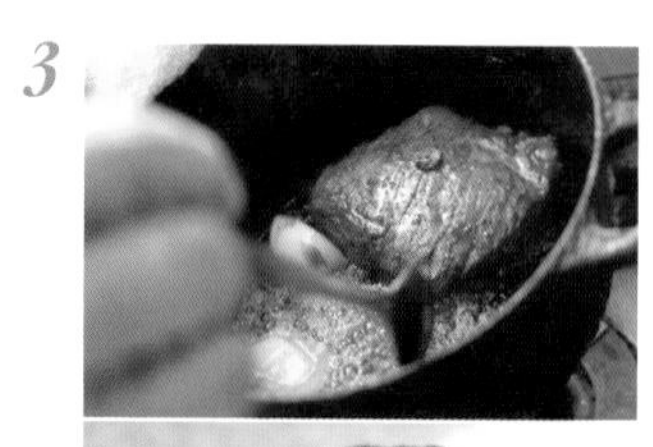

在平底鍋中加熱沙拉油，放入2，表面煎至變硬，加大蒜和奶油後用奶油澆淋，熄火暫放繼續加熱。

4

準備配菜的胡蘿蔔。分別切圓片，紫胡蘿蔔是用紅葡萄酒醬汁煮過後，加奶油增加濃度。其他的胡蘿蔔用加橄欖油的雞高湯煮熟。

5 在盤中倒入胡蘿蔔糊，將2橫膈膜切塊，和4的胡蘿蔔一起盛盤，再加上切片的生胡蘿蔔。

鵝肝、草莓和梅酒凍的千層派

用芳香的日本酒和潤滑酒粕醃漬提升風味

料理圖見 P.129

我用日本酒和酒粕分2階段醃漬鵝肝，讓酒的風味與香味滲入其中，目的是為了讓它和日本酒釀造的梅酒融合。日本酒、酒粕和梅酒，全採用福島縣二本松市的「大七酒造」，以生酛釀造技法釀製的產品。還使用法國產的優質鵝肝，先用鹽、白砂糖和香味濃的大吟釀日本酒醃漬。日本酒不只有風味，還有殺菌的效果。鵝肝用保鮮膜包好塑形後，放入烤箱加熱。鵝肝調整塑形後才能均勻受熱，加熱後的鵝肝再填入模型中冷藏，接著塗上酒粕，採真空包裝醃漬。在這裡，我將散發酒粕淡淡芳香的鵝肝，和梅酒凍和圓筒模型狀瓦片酥組裝整合，讓外觀好似甜點一般。推薦佐配酸甜的木莓醬汁。

材料

法國產鵝肝…適量
鹽…鵝肝重量的1%
白砂糖…鵝肝重量的0.5%
日本酒…適量
酒粕…適量
※使用「大七的液態酒粕」

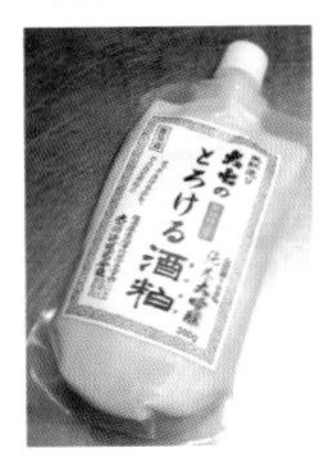

（完成用）
木莓醬汁…適量
※在木莓泥中加白砂糖熬煮。
鹽之花…適量
圓筒模型狀瓦片酥…適量
梅酒凍…適量
※煮沸大七酒造的梅酒，加入2%的吉利丁片煮融，冷藏凝固成凍。
草莓…適量
白蘿蔔的花、蕪菁的花、芝麻菜的花

作法

1 切開鵝肝，剔除血管和硬筋。

2

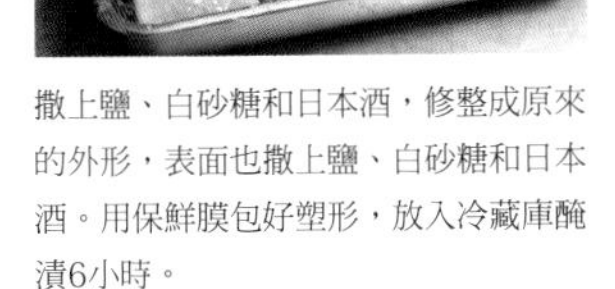

撒上鹽、白砂糖和日本酒，修整成原來的外形，表面也撒上鹽、白砂糖和日本酒。用保鮮膜包好塑形，放入冷藏庫醃漬6小時。

3

在淺鋼盤中放入醃漬好的鵝肝，再放入84℃的烤箱中烘烤35分鐘，直到肝裡溫度升至45℃為止。

4

讓 3 涼至微溫後，密實填入鋪了保鮮膜的模型中，再用保鮮膜蓋好，放入冷藏庫冷藏凝固半天時間。

5

平攤鋪好保鮮膜，薄塗上酒粕，放上從模型取出的 4，在表面也用抹刀薄塗上酒粕。用保鮮膜包好後再真空包裝，放入冷藏庫醃漬4天時間。

6

在容器中鋪入木莓醬汁，放上圓筒型瓦片酥，填入適量的 5，撒上鹽之花，疊上弄碎的梅酒凍和草莓。再裝飾上白蘿蔔的花等。

食譜見 P.142

醃甜菜根和綜合鮭魚

加藤木裕「Aux Delices de Dodine」店東兼主廚

食譜見 P.143

紅酒漬蝦夷鹿

加藤木裕「Aux Delices de Dodine」店東兼主廚

食譜見 P.144

烤節瓜和醃槍烏賊

加藤木裕「Aux Delices de Dodine」店東兼主廚

食譜見 P.145

希臘風味醃蔬菜

加藤木裕「Aux Delices de Dodine」店東兼主廚

食譜見 P.146

南法風味醃雞和彩色甜椒

加藤木裕「Aux Delices de Dodine」店東兼主廚

食譜見 P.147

醃海鮮

加藤木裕「Aux Delices de Dodine」店東兼主廚

醃甜菜根和綜合鮭魚

呈幾何圖樣盛盤提供的醃漬料理

料理圖見 P.136

甜菜根具有鮮麗的紫紅色和獨特的甜味。活用這樣的顏色與甜味醃漬後，和醃鮭魚組合成這道料理。甜菜根可生食，不過因水分少肉太硬。因此，我用水將它煮軟，與鮭魚的口感統一。不太有油脂的鮭魚味道和鮮味較濃，所以選用體型較小的鮭魚進行冷燻。甜菜根僅用雪利酒醋來醃漬，是因它原本具有甜味。柔和的粉紅色發泡鮮奶油是因混入了甜菜根泥，再加吉利丁增加濃度。基於顏色相似的食材較合味的觀點，我將這道料理整合成同色系，用中空圈模切取甜菜根和鮭魚重疊，將螺旋甜菜根、黃甜菜根等新鮮的甜菜根配置成幾何圖形。費他起司的鹹味也成為味道上的重點特色。

材料

甜菜根…適量
雪利酒醋…適量
甜菜根鮮奶油※…適量
醃鮭魚※…60g
（完成用）
費他（Feta）起司…適量
圓鰭魚（Lumpfish）…適量
螺旋甜菜根、黃甜菜根、甜菜根…各適量
麵包丁、萬能蔥（切蔥花）、蒔蘿、甜菜的葉、Detroit品種櫻桃蘿蔔、野莧菜…各適量
EXV橄欖油…適量

※甜菜根鮮奶油
材料（準備量）
醃甜菜根…100g
鮮奶油…300g
吉利丁片…3g
鹽…少量

※醃鮭魚
材料
鮭魚（魚片）…適量
鹽…適量
白胡椒…適量
白砂糖…適量

1 使用沒有太多油脂的小鮭魚。撒上鹽、白胡椒和白砂糖醃漬1天。拭除水分，乾燥1天去除水分，用櫻木屑冷燻2小時。

作法

1

製作醃甜菜根。甜菜根去皮、切片，水煮後用雪利酒醋醃漬1天。

2

製作甜菜根鮮奶油。將醃好的甜菜根倒入果汁機中攪打成泥，加熱融化吉利丁片，放涼後加入打發的鮮奶油混合，加鹽調味。

3

將4～5片醃甜菜根重疊，用中空圈模割取。醃鮭魚切成2～3cm的小丁。費他起司切成小丁狀。新鮮的3種甜菜根切極薄片。

4 在盤中鋪入甜菜根鮮奶油，盛入醃甜菜根、醃鮭魚，鮭魚上放上費他起司和圓鰭魚。裝飾上完成用的麵包丁、綠葉蔬菜，最後均勻淋上橄欖油。

紅酒漬蝦夷鹿

以鹽漬→乾燥→葡萄酒漬，形成生火腿般的濃厚風味

料理圖見 P.137

我以鹽漬方式來濃縮蝦夷鹿的風味、香味與鮮味。再徹底清除醃漬的鹽分，放入冷藏庫乾燥後，用紅葡萄酒醃漬一天，這樣吃起來我才覺得美味。鹿肉過度乾燥會失去適度的彈性，所以只放入冷藏庫半天。紅葡萄酒熬煮後香味更濃。而鹿的紅肉氣味並沒有那麼濃，是很難呈現特色的食材，若用醃漬技法，也能提引出野生肉的香味與風味。將鹿肉放在麵包上享用，更能吃出如生火腿般的濃郁美味。料理還加上能調和味道濃度的蘑菇薄片，以及變化味道的綠橄欖和酸豆泥及核桃等，與麵包一起提供。

材料（準備量）

蝦夷鹿里肌肉…1kg
鹽…60g
紅葡萄酒…750ml
洋蔥（切片）…1/2個
胡蘿蔔（切片）…1/2根
（完成用）
EXV橄欖油、粗磨胡椒粉…各適量
蘑菇（切片）…2個份
綠橄欖和酸豆泥…適量
綠橄欖（切片）…適量
白煮蛋、核桃、醃黃瓜、酸豆、切碎的巴西里…各適量
帕瑪森起司…適量

作法

1 在蝦夷鹿里肌肉上抹滿鹽，放入冷藏庫鹽漬1天。用流水洗去鹽，擦除水分，放入冷藏庫乾燥半天。

2 在鍋裡放入紅葡萄酒、洋蔥和胡蘿蔔，熬煮到剩一半的量，過濾後放涼。

3

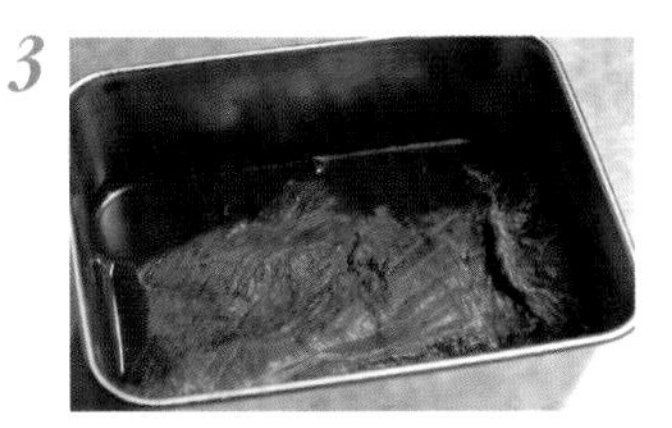

在 2 中醃漬 1 的鹿肉1天。

4

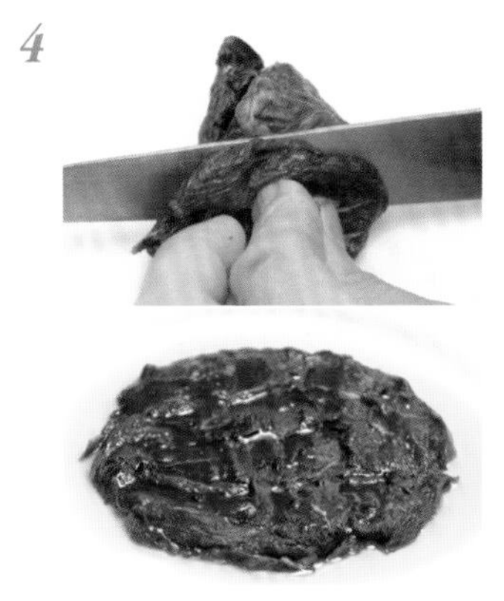

醃漬好的鹿肉切薄片，放入盤中，撒上橄欖油和粗磨胡椒粉。

5

在 4 上疊上蘑菇，再放上綠橄欖和酸豆泥、綠橄欖、食物調理機打碎的白煮蛋、切碎的核桃、醃黃瓜和酸豆，撒上切碎的巴西里，削撒上帕瑪森起司。

烤節瓜和醃槍烏賊

節瓜、熱醃漬、冷醃漬。享受組合的妙趣

料理圖見 P.138

這道是在烤過的節瓜上，交替放上熱的醃槍烏賊和涼的醃沙丁魚。熱食與冷食組合的趣味性引發我創作出這道料理，槍烏賊以香草油迅速加熱，味道與香味立即融合。加上和雪利酒醋和香草油醃漬的彩色甜椒一起拌炒，讓它更添風味。沙丁魚醃漬後以冷燻方式煙燻，再用橄欖油醃漬。兩者的溫度與香味都不同，將它們融為一體，能相互襯托彼此的味道。我還費工將它們放到烤得水潤的節瓜上，直到最後一口都讓人意猶未盡。

材料（1盤份）

節瓜…1/2根
橄欖油…適量
槍烏賊…1/3杯
鹽…適量
醃彩色甜椒※…適量
四季豆（鹽水煮過）…適量
香草油※…適量
醃沙丁魚※…適量
卡拉馬塔（Kalamata）橄欖醬（希臘的橄欖醬）…適量

※醃彩色甜椒
材料
彩色甜椒…適量
香草油（參見下方）…適量
雪利酒醋…適量

1 彩色甜椒用直火烤過去皮，用香草油和雪利酒醋醃漬。

※香草油
材料
帶皮大蒜、迷迭香、辣椒…各適量
EXV橄欖油…適量

1 在橄欖油中放入大蒜、迷迭香和辣椒，約煮2小時後油封。

※醃沙丁魚
材料
沙丁魚…適量
鹽、胡椒、砂糖…各適量
EXV橄欖油…適量

1 沙丁魚以三片切法分切成魚片，用鹽、胡椒和砂糖醃漬2小時，以冷燻方式煙燻。將魚放入橄欖油中醃漬。

作法

1

節瓜縱向切成約2cm的厚度，一面塗上橄欖油，一面烘烤兩面。

2 準備外形佳的槍烏賊，身體切花後，再切短條。觸足切成易入口大小，分別加鹽調味。

3

在平底鍋中加熱香草油，放入切成易食用大小的四季豆、醃彩色甜椒拌炒，再加 2 的槍烏賊混合拌炒。槍烏賊一熟透立即取出，淋上香草油。

4 在盤中鋪入卡拉馬塔橄欖醬，放上節瓜，盛入 3 的醃槍烏賊，和切成易入口大小的醃沙丁魚。

希臘風味醃蔬菜

邊加熱邊醃漬，呈現希臘風味的烹調法

料理圖見 P.139

我在醃料中加入整顆的芫荽籽，入口後卡滋咀嚼的瞬間，芫荽的香味立刻瀰漫開來。芫荽的香味是希臘風味醃漬料理的特色。這道料理以雞高湯為底料的醃料中，還加入番茄醬變化風味。我希望保留根菜和果菜的口感，所以醃料事先已仔細熬煮備用，如同和蔬菜融合般加熱。切大塊的蔬菜，加熱到熟與不熟的臨界點，直接醃漬使其入味。這道料理不論熱食或做冷盤皆可口，也可直接作為前菜，或當作肉類料理的配菜。

材料（準備量）

胡蘿蔔…適量
小洋蔥…適量
節瓜…適量
蕪菁…適量
香菇…適量
茄子…適量
橄欖油…50ml
大蒜…1瓣
卡宴辣椒…1根
白葡萄酒…200ml
雞高湯…350ml
番茄醬…20g
芫荽籽…適量
（完成用）
萵苣纈草（Valerianella locusta）、野莧菜、蒔蘿…各適量
芫荽粉…適量

作法

1 蔬菜切大塊以保留口感。

2 在鍋裡放入橄欖油、大蒜和卡宴辣椒加熱，散發香味後加白葡萄酒，熬煮到剩1/3量。再加雞高湯、番茄醬和芫荽籽熬煮。

3 

熬煮到剩一半量後，加入1的蔬菜，煮到熟與不熟的臨界點即熄火，直接醃漬到變涼為止。放入保存容器中冷藏保存。

4 

冰涼直接盛盤，或加熱後盛盤，裝飾上萵苣纈草、野莧菜、蒔蘿等，最後撒上芫荽粉。

南法風味醃雞和彩色甜椒

用香料的香味和辣味、柳橙的酸甜味清爽地醃漬

料理圖見 P.140

這道料理是用香料、柳橙和葡萄乾醃漬雞胸肉、彩色甜椒和洋蔥。洋溢香料風味，具甜味，散發夏季清爽感的醃漬，光這樣就很適合作為葡萄酒的下酒菜。在這裡我還加上大量蔬菜嫩葉和香草，組合成沙拉風味。香料中混合芫荽、八角和卡宴辣椒粉。卡宴辣椒粉作為調味料，能讓人慢慢感受到辣味，味道不會太突出。雞肉是使用油脂少、味道清爽的雞胸肉。先用冷高湯煮過消除雞肉腥味，再和彩色甜椒混合。另外，還加入有嚼感的堅果來增加口感。

材料（準備量）

大山雞胸肉…4片（譯註：大山雞為雞肉品牌名）
鹽…適量
香料（芫荽粉、八角粉、卡宴辣椒粉）…適量
百里香、月桂葉…各適量
冷高湯…適量
紅・黃・綠甜椒…各3個
洋蔥…1個
柳橙…3個
葡萄乾…50g
法式油醋醬※…參見下方分量
（完成用）
榛果…適量
香草和綜合蔬菜嫩葉…適量
法式油醋醬…適量

※法式油醋醬
材料
白葡萄酒醋…100g
第戎芥末醬…30g
洋蔥…1/4個
EXV橄欖油…350g
鹽…8g

作法

1. 雞胸肉用鹽、香料、百里香和月桂葉醃漬一晚。
2. 將1的雞肉用冷高湯煮過後放涼，將肉弄碎。
3. 彩色甜椒和洋蔥切薄片。柳橙取出果肉。
4. 混合法式油醋醬的材料，用手握式電動攪拌器攪碎。
5. 
用法式油醋醬調拌 2、3 和葡萄乾。放入保存容器中，邊冷藏，邊醃漬。
6. 
在盤中放中空圈模，填入 5 的醃漬材料，拿掉中空圈模，撒上榛果，再放上用法式油醋醬調拌的香草和綜合蔬菜嫩葉。

醃海鮮

善用海鮮、蔬菜原有的味道，使其融入醃料中

料理圖見 P.141

這道豐盛的宴客醃漬料理，是把醃槍烏賊、鳳螺、蝦、帶殼幼干貝和海鮮，以及醃蕪菁、白蘿蔔等根菜一起盛盤。各式各樣食材一起盛盤時，若用相同的醃料醃漬，味道顯得較平淡，無趣味性。這道料理中，醃漬海鮮和蔬菜分別用不同的醃料，一起盛盤後也能讓人清楚感受到不同的食材與風味。組合不同的味道時，能產生更不一樣的味道。海鮮分別迅速加熱後，我用覆盆子醋提升香味。放入冷藏庫醃漬一天，會產生稍許的發酵味，使風味更棒。蔬菜放入調整成甜味，加入大蒜和芫荽香味的醃料中醃漬。

材料（1盤份）

醃海鮮
- 槍烏賊…1/3杯
- 白鳳螺…2個
- 天使蝦…2尾
- 幼干貝…2個
- 海鮮醃料※…適量

醃蔬菜
- 蕪菁…適量
- 白蘿蔔…適量
- 紅心蘿蔔…適量
- 胡蘿蔔…適量
- 蘑菇…適量
- 蔬菜醃料※…適量

野莧菜葉…適量

※海鮮醃料
材料
沙拉油…350ml
覆盆子醋…50ml
白葡萄酒醋…100ml
白砂糖…16g
鹽…8g

※蔬菜醃料
材料
大蒜…1瓣
橄欖油…200ml
白葡萄酒醋…100ml
水…400ml
芫荽籽…50g
白砂糖…100g
鹽…15g

作法

1 準備外觀佳的槍烏賊，身體切圓片，觸足切成易入口大小，水煮一下。白鳳螺、蝦和幼干貝也分別水煮一下。

2 

混合海鮮醃料的材料後加熱，煮沸後放涼，醃漬1的海鮮，放入冷藏庫靜置1天備用。

3 蕪菁、白蘿蔔、紅心蘿蔔、胡蘿蔔分別切薄片。蘑菇切半。

4 

混合蔬菜醃料的材料後加熱，煮沸後放涼，醃漬3，靜置1天備用。

5 在容器中一起盛入醃海鮮和醃蔬菜，再裝飾上野莧菜葉。

食譜見 P.152

醃番茄　佐羅勒冰淇淋

中田耕一郎「Le japon」主廚

食譜見 P.153

沙拉風味　燻製昆布漬紅甘

中田耕一郎「Le japon」主廚

義式咖啡醃鴨　佐苦味巧克力醬汁

中田耕一郎「Le japon」主廚

義式咖啡醃鴨　佐苦味巧克力醬汁

活用義式咖啡作為香料醃漬

深度烘焙（Dark roast）咖啡豆的義式咖啡風味，讓人聯想到「炭」的色彩，我用這樣的義式咖啡來醃漬鴨肉。我想像料理所呈現的新感覺炭燒風味，將義式咖啡當香料使用。鴨肉經過醃漬，肉質變得柔軟、豐潤，義式咖啡的味道也滲入其中。再搭配上和鴨和咖啡都很對味，味道酸甜的巧克力醬汁。在紅葡萄酒、巴薩米克醋和仔牛高湯製作的鴨料理的基本醬汁中，還加入苦巧克力和濃郁的咖啡味，具美味加乘效果，使料理的味道更深邃。配菜是用本店栽培的迷迭香香煎的胡蘿蔔和馬鈴薯。

材料（4盤份）

鴨胸肉…1片
義式咖啡醃漬液※…100ml
苦巧克力醬汁※…適量
新馬鈴薯…8個
胡蘿蔔…1根
迷迭香…適量
鹽…適量
黑胡椒粒…適量
豬油…適量
沙拉油…適量

※義式咖啡醃漬液
材料
義式咖啡…100ml
砂糖…5g
鹽…2.5g

1 將所有材料混合。

※苦巧克力醬汁
材料
紅葡萄酒…100ml
巴薩米克醋…15ml
小牛高湯（Fond de Veau）…150ml
苦巧克力…4g
咖啡粉（義式咖啡用極細磨烘焙豆）…少量

1 在鍋裡放入巴薩米克醋熬煮到泛出光澤，加紅葡萄酒再熬煮到泛出光澤。
2 再加小牛高湯，熬煮到剩1/2的量。
3 最後，加苦巧克力和咖啡粉。

作法

1

在鴨胸肉的油脂側劃格子狀切口。

2

撒上鹽和胡椒，用小火從油脂側慢慢煎烤上色。

3

烤好的鴨肉涼至微溫後，和義式咖啡醃漬液一起裝入袋裡真空包裝，以此狀態放入冷藏庫醃漬一晚。

4

從冷藏庫取出的鴨胸肉連袋直接放入約60℃的熱水中，隔水慢慢加熱15分鐘。

5 製作配菜。新馬鈴薯連皮切成一口大小。胡蘿蔔去皮，切成一口大小。

6 切好的馬鈴薯用迷迭香、鹽和黑粒胡椒，約醃漬1小時。醃好後擦去表面的鹽，用豬油和沙拉油各半油約油封30分鐘。

7 將4的鴨肉從袋中取出，將皮面朝下放在平底鍋裡煎烤。6的馬鈴薯和5的胡蘿蔔也放入香煎。

8 分切鴨肉，盛入盤中。再盛入7的馬鈴薯和胡蘿蔔，淋上苦巧克力醬汁，撒上咖啡粉作為重點風味。

醃番茄　佐羅勒冰淇淋

用白葡萄酒醃漬番茄，提高和冰淇淋的合味性

料理圖見 P.148

番茄、馬斯卡邦和羅勒，是前菜中常見的組合，我將它們重新建構創作出這道清爽的甜點。番茄是選用水果番茄，為完成高雅風味的甜點，以白葡萄酒醃漬。利用白葡萄酒的美味與酸味，使醃好的水果番茄味道更鮮美清爽。另外還搭配的是用番茄清湯凍，及馬斯卡邦起司和羅勒製的冰淇淋。風味清淡爽口的馬斯卡邦起司，特色是鹽分、酸味少，甜味也淡。和具有鹹味和香味的食材組合，更添美味，所以和羅勒一起製成冰淇淋，和醃番茄與番茄清湯凍組合。Le japon店內講究的有田燒的盤子，全都是我特別訂購的。

材料（4盤份）

水果番茄…8個
白葡萄酒…300ml
水…150ml
白砂糖…80g
檸檬汁…適量
羅勒冰淇淋※…適量
蜜漬液…200ml
吉利丁片…3g

※羅勒冰淇淋
材料（準備量）
羅勒…1把
鮮奶…25ml
白砂糖…15g
蜂蜜…20g
馬斯卡邦起司…100g
優格…75g

1 在大碗中放入馬斯卡邦起司，放在室溫中回軟備用。
2 只取羅勒葉，汆燙後備用。
3 在果汁機中放入2、鮮奶、白砂糖、蜂蜜和優格充分攪打。
4 再放入馬斯卡邦起司充分攪打。
5 倒入淺鋼盤中，放入冷凍庫冷凍凝固。之後，用食物調理機充分攪打，再次冷凍凝固。

作法

1 水果番茄用熱水燙過去皮備用。

2 在鍋裡放入白葡萄酒、水和白砂糖煮沸一下熄火。

3

在2中放入已泡熱水去皮的番茄，連煮汁一起用冰水冷卻。涼至微溫後，放入保存容器中，加檸檬汁放入冷藏庫醃漬一晚。

4

在鍋裡放入在冷藏庫醃過的蜜漬液200ml加熱，加入用水泡軟的吉利丁混合使其溶化。溶化後倒入鋼盆中，用冰水冷卻製成凍。

5 在盤中盛入切好醃過的番茄，盛入弄碎的甜凍。盛入冰淇淋，再裝飾上薄荷。

沙拉風味　燻製昆布漬紅甘

味道和第一印象的香味都以醃漬加以深化

料理圖見 P.149

透過昆布漬，昆布的鹹味讓紅甘的肉質緊縮，增加Q彈的口感。此外，呈現昆布鮮味的麩胺酸（Glutamate）等也會滲入紅甘中，形成不同的厚味。而且，增加燻製的香味，香味給人的第一印象，也能滿足顧客不同風味的訴求。燻製紅甘時，連蛋黃一起煙燻，盛盤時切碎蛋黃放在紅甘上。擠上清爽的檸檬汁，組合切碎的番茄，簡單淋上橄欖油就能提供。為了突顯味道與香味變濃的紅甘，配菜只是簡單的組合盛盤。

材料（1盤份）

紅甘…6片（厚1.5cm～2cm）
鹽…適量
昆布…4片
醋…適量
酒…適量
煙燻木屑…適量
白煮蛋的蛋黃…1個
酸豆…15g
番茄…1個
橄欖油…50ml
檸檬…1個
山蘿蔔…適量

作法

1 紅甘清理乾淨，分切6片。撒上鹽，放入冷藏庫約冰30分鐘。

2 從冷藏庫取出紅甘，用冰水洗去鹽。用廚房紙巾擦去水分。

3

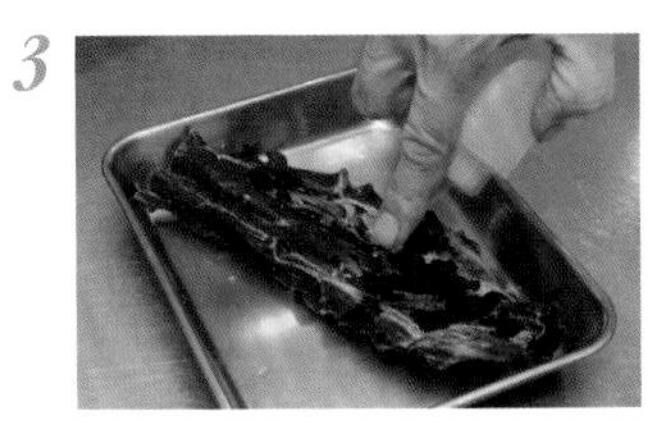

在昆布上撒醋和酒暫放使其入味。

4

在中式炒鍋裡鋪上鋁箔紙，放上煙燻木屑和網架。網架上放上 3 的昆布、白煮蛋的蛋黃，蓋上大碗，開火加熱。以中火約燻製10分鐘，熄火，直接靜置約10分鐘。

5

在 4 的昆布上，放上切片紅甘，放入冷藏庫醃漬1分鐘。

6

檸檬去皮，一半的皮切絲，皮絲從涼水開始煮起，煮沸後倒掉煮汁。將檸檬皮放入鍋裡，倒入橄欖油，用小火煮出味道。酸豆切碎備用。將番茄和用 4 的水煮過的白煮蛋蛋黃切成約3mm的小丁備用。

7 在盤中盛入紅甘。在中央放上 6 的番茄、白煮蛋的蛋黃和酸豆，擠上 6 的檸檬汁。盛入檸檬皮。撒鹽，裝飾上山蘿蔔。

食譜見 P.158

土佐紅牛　佐春之香味和煎酒凍

吉岡慶篤「l' art et la manière」店東、主廚兼酒侍

食譜見 P.159

唐多里筍、膠質義大利餃和芫荽醬汁

吉岡慶篤「l' art et la manière」店東、主廚兼酒侍

食譜見 P.160

纏裹椰香的白蘆筍！
向康丁斯基（Kandinsky Wassily）致敬

吉岡慶篤「l' art et la manière」店東、主廚兼酒侍

食譜見 P.161

黑森林　三味醃漬　7年熟成黑味醂醃櫻桃
白黴起司醃薑冰淇淋　櫻桃白蘭地蜜漬大黃

吉岡慶篤「l' art et la manière」店東、主廚兼酒侍

土佐紅牛　佐春之香味和煎酒凍

以干貝的鮮味醃漬牛肉

料理圖見 P.154

以青紫蘇葉的香味、鹽和煎酒醃漬牛肉入味，並使菲力肉質變軟，是為了讓鮮味產生加乘作用。自製煎酒中使用乾干貝也是烹調重點。干貝營養價值高，食材製成乾貨後，能提引出新鮮時所沒有的鮮味。煮日本酒時混入添加的醃梅酸味和鹹味，萃取出干貝更濃郁的精華風味。烘烤牛菲力時，反覆進行「放入250℃的烤箱烤1分半鐘→從烤箱中取出靜置鬆弛」的作業。這麼做才能慢慢加熱至中心，而肉的纖維卻不會緊縮，烤出理想的柔嫩肉質。至於醃漬液中所使用的煎酒，還可製成薄皮狀的煎酒凍，盛盤時覆在牛肉上。

材料（4人份）

牛菲力…80g
煎酒（醃漬液用）※…適量
煎酒凍皮※…適量
青紫蘇葉…6片
鹽…3g
橄欖油…適量
蘑菇…1個
綠豌豆…3個份
花穗…適量

※煎酒（醃漬液用）
材料（準備量）
日本酒…200ml
醃梅…3個
鹽…適量
乾干貝…10g

1 在鍋裡放入日本酒和弄碎的帶籽醃梅，加鹽以中火加熱。
2 煮沸後，放入乾干貝，轉小火。約煮30分鐘後，不加蓋熬煮到剩一半分量後熄火，直接放涼至微溫。

※煎酒凍皮
材料（準備量）
煎酒（作法參見上方）…100ml
洋菜粉（Agar）…2g

1 在鍋裡放入煎酒加熱，加洋菜粉徹底融化。
2 倒入淺鋼盤中約3mm厚，冷藏凝結。

作法

1 青紫蘇葉加鹽揉搓。牛肉的兩面都裹覆用鹽揉搓好的青紫蘇葉。

2
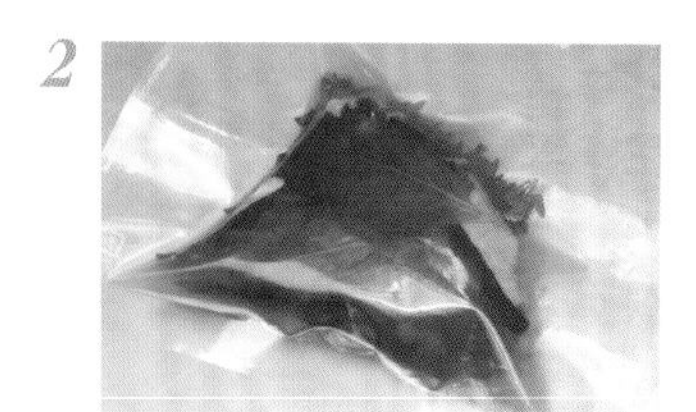
在袋裡放入1的牛肉和煎酒，真空包裝後放入冷藏庫醃漬12小時以上。

3
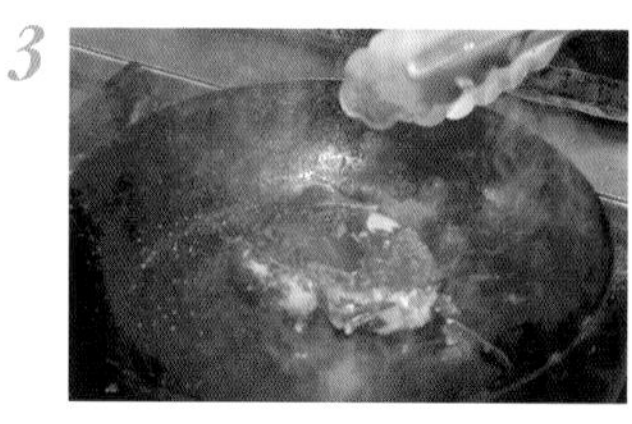
從袋中取出醃漬好的牛肉，在已加熱的平底鍋中倒入橄欖油，將肉的表面煎烤一下。

4

將肉放到放了網架的淺鋼盤上，放入250℃的烤箱中加熱1分半鐘。

5 從烤箱中取出鋼盤後，放在溫暖的地方讓牛肉鬆弛2～3分鐘。一面觸壓肉，一面反覆進行第4、5的步驟，直到肉有適度的彈性。大致重複6～7次。

6 切除烤好的牛肉兩端，也去除單側的青紫蘇葉。

7

在盤中盛入牛肉，如覆蓋般裝飾上煎酒凍皮。牛肉上放上綠豌豆。

8 放入蘑菇片，再加上花穗。

唐多里筍、膠質義大利餃和芫荽醬汁

配合不同肉質醃漬

料理圖見 P.155

藉由醃漬將味道清淡的竹筍，增加香料的香味和味道。筍的鮮度最為重要。這裡使用京都山科清晨掘出，1小時以內當場用米糠水煮過的竹筍，所以沒有苦味和澀味。這個筍再用加入咖哩風味的優格醃漬。唐多里（Tandoori）風味的竹筍煎烤後，除了能突顯香味外，同時也能享受清爽的口感。這道料理作為前菜提供，所以和羅勒庫斯庫斯一起盛入立體的Sghr（菅原工藝玻璃）容器中。在以豬耳、豬腳和蘑菇醬製作的義大利餃中，用檸檬增加酸味和清爽風味。芫荽醬汁上，還淋上加入異國香味調味料的檸檬香茅和椰子泡沫。

材料（準備量）

水煮筍…200g
優格…20ml
鹽…筍重量的1.5%
咖哩粉…2g
羅勒庫斯庫斯※…10g
薄餅皮（Pâte brick）※…適量
豬腳義大利餃※…1個
鹽漬檸檬※…適量
芫荽醬汁※…適量
椰子和檸檬香茅泡沫※…適量
琉璃苣（Borago officinalis L.）…適量
旱金蓮（Tropaeolum majus）葉…適量

※羅勒庫斯庫斯
材料（準備量）
庫斯庫斯…50g
羅勒醬…20g
橄欖油…10ml
鹽…10g

1 在庫斯庫斯中加入同等的熱水、橄欖油和鹽後混合，放在溫暖的地方10分鐘備用。
2 將1和羅勒醬混合。

※薄餅皮
1 薄餅皮切成3cm塊，用烤箱以180℃烤10分鐘。

※義大利餃
材料（準備量）
豬耳…1個
豬腳…1個
洋蔥…1個
胡蘿蔔…1個
芹菜…10g
大蒜…1瓣
水…1000ml
鹽…10g+3g
黑胡椒…2g
餃子皮…適量
蘑菇醬…適量
蘑菇…200g
大蒜…3g
洋蔥…50g
白葡萄酒…100ml
雞高湯…200ml
鮮奶油…50ml
鹽…適量

1 製作蘑菇醬。蘑菇、大蒜和洋蔥切末。
2 在鍋裡拌炒切末大蒜，勿炒焦。接著放入切末洋蔥充分拌炒。
3 再放入蘑菇炒到水分散失，加白葡萄酒煮至酒精揮發。
4 放入雞高湯熬煮到水分收乾。
5 再放入鮮奶油熬煮到水分收乾，最後加鹽調味。
6 豬腳和豬耳用水煮沸，換水再煮一共3次。
7 在鍋裡放入洋蔥、胡蘿蔔、芹菜、大蒜、水和鹽10g，放入6的豬耳和豬腳，再放入120℃的烤箱中加熱2小時。
8 加熱變軟後，統一切成1cm的小丁。用鹽3g、黑胡椒2g調味。
9 在餃子皮中包入8的10g和蘑菇醬10g。

※鹽漬檸檬
材料（準備量）
檸檬…10個
鹽…200g
砂糖…200g
水…300ml

1 在檸檬上劃切口，混合鹽、砂糖和水約煮30分鐘。
2 熄火放涼後，在保存瓶中放入檸檬和煮汁保存3個月。

※芫荽醬汁
材料（準備量）
芫荽…20g
雞高湯…200g

1 在煮沸的雞高湯中，放入芫荽用果汁機攪碎。

※椰子和檸檬香茅泡沫
材料（準備量）
椰奶…200ml
檸檬香茅…5枝
雞高湯…200ml

1 放入雞高湯和椰奶熬煮到剩半量後，放入檸檬香茅熬煮後過濾。

作法

1
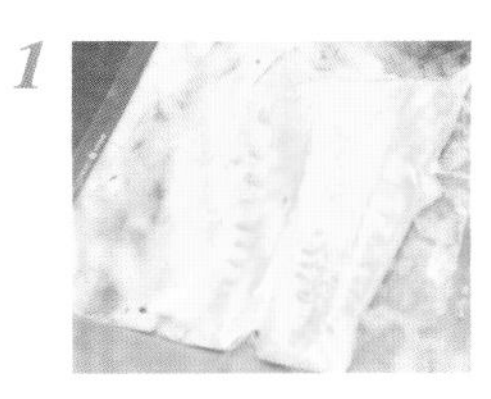
將水煮筍、筍重量1.5%的鹽、優格和香料一起真空包裝，放入冷藏庫醃漬2天。

2 在鍋裡煮沸熱水，放入橄欖油，煮義大利餃1～2分鐘。

3 從袋中取出醃漬好的1的筍，用廚房紙巾擦去表面的優格。

4
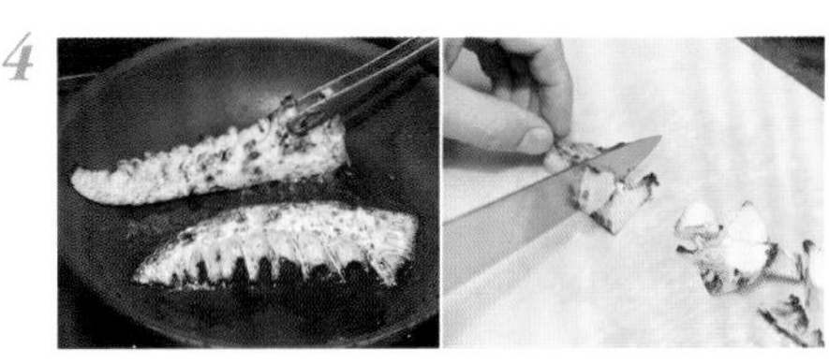
在平底鍋中倒入橄欖油，將筍的兩面煎到香味恰到好處。筍煎烤後，切成一口大小。

5 在玻璃托盤的部分，放上薄餅皮，盛入庫斯庫斯的塔布勒沙拉（Tabbouleh），再放上旱金蓮的葉。

6

在玻璃碗中盛入筍。淋上芫荽醬汁，盛入義大利餃。上面放上鹽漬檸檬。淋上芫荽醬汁，再淋上椰子和檸檬香茅泡沫，最後裝飾上琉璃苣。

纏裹椰香的白蘆筍！
向康丁斯基（Kandinsky Wassily）致敬

以椰奶醃漬白蘆筍

料理圖見 P.156

這道是五彩繽紛如畫一般的料理。我這樣排盤，是為了讓顧客自己用越南米紙捲包享用。比起用水煮白蘆筍，以真空包裝蒸的方式，鮮味較不會流失。而且和椰奶一起密封醃漬，還能滲入椰奶香味。顧客可用越南米紙將真空包裝醃漬的白蘆筍，和香草、蔬菜等一起捲包享用。餡料多達21種。焦糖堅果的口感；薄荷、蒔蘿等香草的香味；葡萄柚的酸味和與水潤感；莓果美奶滋及山椒醬汁等，十分豐富多樣。建議捲包後從左側開始吃起。蘆筍穗端朝左，根部側撒上可羅納塔鹽漬豬脂和大德寺納豆粉，蔬菜類這樣配置，味道會隨著從左側吃起慢慢變濃。

材料（3人份）

白蘆筍…3根
鹽…蘆筍重量的1%
椰奶…20ml
越南米紙（Rice paper）…3張
生火腿…適量
山蘿蔔…適量
蒔蘿…適量
酸模（Rumex acetosa）…適量
櫻桃蘿蔔…適量
粉紅葡萄柚…適量
柚子花…適量
紅蓼…適量
食用花（Edible flower）…適量
水果番茄乾…適量
白巴薩米克…適量
EXV橄欖油…適量
紅苦苣（Tevise）…適量
榛果（裹焦糖）…適量
薄餅皮…適量
胡椒木（Zanthoxylum piperitum）…適量
大德寺納豆粉…適量
裂葉芝麻菜（Wild rocket）…適量
可羅納塔鹽漬豬脂（Lardo di colonnata）…適量
薄荷葉…適量
山椒醬汁※…適量
覆盆子美奶滋※…適量

※山椒醬汁
材料（準備量）
青蔥…20g
芫荽…5g
生薑…3g
山椒…3g
太白麻油…30ml
鹽…1小撮

1 將材料放入果汁機中攪打。

※覆盆子美奶滋
材料（準備量）
蛋黃…1個
白葡萄酒醋…10ml
芥末醬…30g
太白麻油…100ml
鹽…3小撮
覆盆子泥…120g

1 在鋼盆中放入蛋黃、白葡萄酒醋、芥末醬、太白麻油和鹽混合，使其乳化凝結製成美奶滋。
2 和覆盆子泥混合。

作法

1

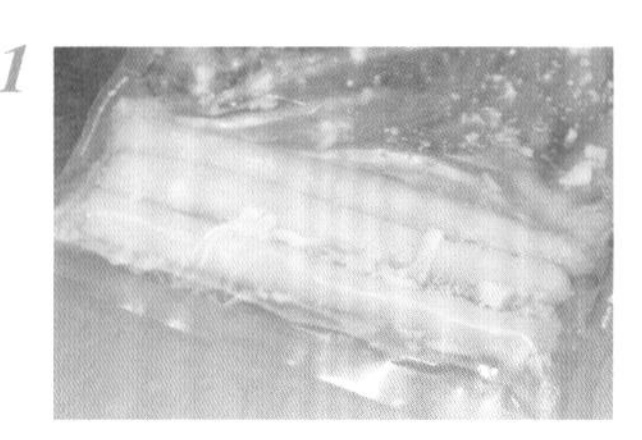

蘆筍去皮。在袋裡放入蘆筍、鹽和椰奶真空包裝。放入旋風蒸烤箱中，設定蒸氣模式、溫度80℃加熱30分鐘。

2 取出後用冰水急速冷卻，冷了之後放入冷藏庫醃漬2天。

3 在盤中鋪入越南米紙。越南米紙上放上生火腿。再放上山蘿蔔、蒔蘿、薄荷、酸模和切片櫻桃蘿蔔。放上粉紅葡萄柚的果肉，撒上柚子花、紅蓼和食用花。滴上山椒醬汁和覆盆子美奶滋，再放上番茄乾。

4

放上用白巴薩米克醋和橄欖油醃漬好的沙拉。

5 撒上焦糖榛果，放上薄餅皮。

6 將2的白蘆筍穗尖朝左，放在越南米紙邊。

7 在蘆筍穗尖上放上胡椒木，在尾端撒上大德寺納豆粉，再放上可羅納塔鹽漬豬脂。最後放上旱金蓮葉。

黑森林　三味醃漬　7年熟成黑味醂醃櫻桃
白黴起司醃薑冰淇淋　櫻桃白蘭地蜜漬大黃

配合各別肉質進行醃漬

料理圖見 P.157

我將櫻桃和金澤福光屋的7年熟成黑味醂，以真空包裝方式醃漬。能作為利口酒飲用的黑味醂，具有濃厚的甜味和醇厚深邃的風味。天然的溫和甜味確實美味。透過醃漬，加深鮮味和香味的濃厚度，呈現令人耳目一新的美味，也是這道料理的魅力。口感酥脆的脆片上，巧克力甘那許醬的甜味、大黃和藍莓、覆盆子的酸甜味，非常合味。用白黴起司醃薑冰淇淋，散發刺激的香料味、甜味和柔和的香味。再加上焦糖榛果，這是讓人能享受不同甜味、香味與酸味的甜點。

材料（準備量）

櫻桃…300g
黑味醂…30ml
白黴起司醃薑冰淇淋※…1匙
覆盆子…適量
藍莓…適量
白黴起司鮮奶油※…適量
巧克力甘那許醬（Ganache）※…適量
脆片（Feuillantine）※…適量
巧克力片※…1片
櫻桃白蘭地蜜漬大黃※…適量
焦糖榛果裝飾※…適量
木莓醬汁※…適量

※白黴起司醃薑冰淇淋
材料（準備量）
白黴起司…500g
砂糖…100g
鮮奶…200g
鮮奶油…50g
轉化糖…80g
生薑（切片）…50g

1 鮮奶中加入砂糖和轉化糖，煮沸。
2 煮沸後，放入切薄片的生薑，熄火，加蓋燜10分鐘。
3 白黴起司弄碎，一面過濾2加入其中，一面混合。
4 加鮮奶油混合。
5 放入冷凍庫冰凍凝固。

※白黴起司鮮奶油

1 白黴起司和等量的鮮奶油一起攪打至七分發泡為止。

※甘那許醬
材料（準備量）
巧克力（法芙娜（Valrhona）的圭那亞（Guanaja）巧克力）…136g
鮮奶油…80g
蛋黃…3個
砂糖…20g
鮮奶…200g

1 在切碎的巧克力中，混入煮沸的鮮奶油，混合使巧克力融化。
2 在鍋裡放入蛋黃，放入砂糖混合，再加煮沸的鮮奶。
3 用小火加熱2，一面混合，一面加熱煮至變濃稠。
4 在1中加3混合。
5 放入冷藏庫冰涼。

※脆片
材料
奶油（無鹽）…5g
巧克力（法芙娜·圭那亞）…120g
堅果醬…50g
皇家脆片（Royaltine）…150g
杏仁粒…40g

1 將巧克力和堅果醬隔水加熱煮融。
2 融化後，倒入皇家脆片和杏仁粒中混合。
3 加入乳脂狀的奶油混合。
4 用中空圈模切割，放入冷藏庫冰至凝固。

※巧克力片

1 巧克力調溫後，用中空圈模切割。

※蜜漬大黃
材料
大黃…500g
砂糖…200g
水…100g
櫻桃白蘭地…20g

1 砂糖和水混合製成糖漿。大黃去皮。
2 櫻桃白蘭地和1一起真空包裝。
3 放入旋風蒸烤箱中，設定蒸氣模式、溫度80℃加熱10分鐘。
4 取出後用冰水急速冷卻。

※焦糖榛果裝飾
材料
榛果…適量
砂糖…125g
水…38g
水飴…38g

1 將砂糖、水和水飴混合煮沸，變成焦糖色後，離火。
2 稍微放涼後，放入榛果沾裹，置於常溫中放涼。

※木莓醬汁
材料
覆盆子泥…100g
砂糖…10g
水…10g

1 將砂糖和水煮沸，和覆盆子泥混合。

作法

1 櫻桃切半。櫻桃和黑味醂一起真空包裝。放入冷藏庫中醃漬2天。

2 在堅果脆片上，呈圓形擠上巧克力甘那許醬。

3 放上覆盆子、藍莓、蜜漬大黃和醃櫻桃。

4 放上用模型切割好的巧克力。上面放上白黴起司鮮奶油。再放上大黃、醃櫻桃和藍莓。

5

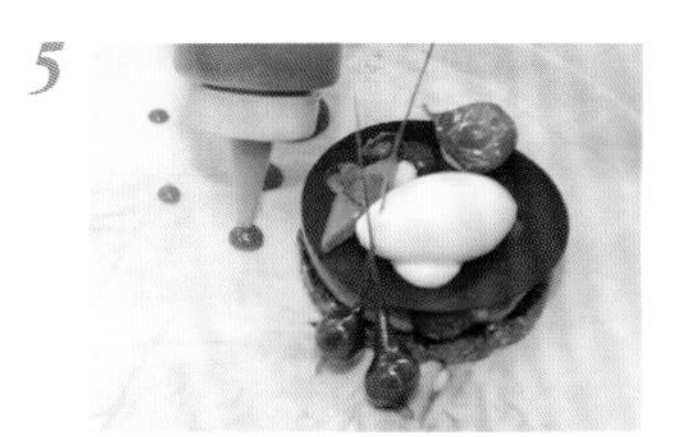

放上白黴起司和生薑冰。裝飾上木莓醬汁。

食譜見 P.166

青海苔醃鰆魚、北寄貝和柚子奶油白醬

中村和成「LA BONNE TABLE」主廚

食譜見 P.167

河內晚柑和茴香醃蝦蛄
蝦味噌調拌紅萵苣

中村和成「LA BONNE TABLE」主廚

紅茶醃烤豬里肌肉、蘑菇醬汁、檸檬薄荷醃番茄

中村和成「LA BONNE TABLE」主廚

紅茶醃烤豬里肌肉、蘑菇醬汁、檸檬薄荷醃番茄

紅茶風味使豬肉和豬脂產生令人開心的變化

考慮到豬肉風味、豬油味和紅茶十分對味，我用紅茶醃漬豬肉。紅茶和豬肉的香味混合，豬脂在口中與肉汁乳化後，紅茶變化成奶茶般的風味。紅茶帶來如此令人驚喜的變化，這是與牛肉和雞肉搭配都達不到的美味。若使用伯爵紅茶香味太濃，所以我用香味柔和的天玉紅茶。搭配的迷你番茄，只用檸檬薄荷和EXV橄欖油簡單醃漬。印加覺醒種馬鈴薯的特色是具有甜味和濃厚的風味，所以我活用食材的風味製成薯泥。再加上鮮味濃縮的蘑菇醬汁，還佐配大地賜與的蘑菇粉和蘆筍。

材料（1人份）

豬肩里肌肉…75g
天玉紅茶…適量
蘑菇醬汁※…適量
印加覺醒種馬鈴薯泥※…適量
蘑菇粉※…適量
檸檬薄荷（Mentha citrata）…適量
迷你番茄…適量
蘆筍…1根
丘水芹…1枝
EXV橄欖油…適量
鹽…適量

※蘑菇醬汁
材料（準備量）
蘑菇…200g
紅蔥頭…100g
蘑菇切片（1mm厚）…7～8片
包心菜…150g
奶油…200g
鹽漬菇（刹茸（Panellus serotinus））…100g
小牛高湯…1000ml

1 在鍋裡放入奶油，慢慢燜煎蘑菇、紅蔥頭、包心菜、去鹽的鹽漬菇。
2 加入小牛高湯約煮10分鐘。
3 用手握式電動攪拌機攪碎，最後放入蘑菇片7～8片（分量外），稍微煮熟。

※印加覺醒種馬鈴薯泥
材料（準備量）
印加覺醒種馬鈴薯…1kg
鮮奶…500ml
奶油…400g

1 印加覺醒種馬鈴薯1kg去皮，切片，採真空包裝約水煮30分鐘。
2 馬鈴薯趁熱加入回到室溫的奶油及加熱的鮮奶，用維他美仕調理機（Vitamix）攪打成泥狀。

※蘑菇粉
材料
蘑菇…適量
奶油…少量

1 蘑菇切末。
2 在鍋裡放入奶油和蘑菇燉煮，瀝除水分。
3 用手握式電動攪拌機攪碎。

作法

1

在豬肉上覆滿紅茶茶葉，採真空包裝，放入冷藏庫醃漬半天。半天後豬脂和水分會讓茶葉脫落。

2 迷你番茄切半。在鋼盆中，放入檸檬薄荷、鹽和EXV橄欖油混合醃漬。

3

醃好的豬肉放在袋裡直接放入淺鋼盤中，放入溫度58℃的旋風蒸烤箱中加熱45分鐘。

4

從烤箱中取出，從袋中取出豬肉，大約剔除表面三成的茶葉。

5

在鐵板上淋橄欖油，將3的豬肉兩面煎至上色。

6

上色後，放入溫度220℃的烤箱中約2分半鐘。

7 從烤箱中取出，切開豬肉，在切面撒點鹽。

8 在盤中放入香煎蘆筍、切開的豬肉。放上醃迷你番茄。配上印加覺醒種馬鈴薯泥、淋上蘑菇醬汁。放上丘水芹，再撒上蘑菇粉。

青海苔醃鰆魚、北寄貝和柚子奶油白醬

透過加熱突顯柔和的鹹味與大海的風味

料理圖見 P.162

青海苔的柔和鹹味及大海風味經醃漬滲入鰆魚中。鰆魚包上保鮮膜徹底醃漬，使肉質緊縮富彈性。其獨特的風味和質地，是以三階段加熱法來提升其魅力，先用溫度58℃烤箱的柔和熱風加熱後，接著用平底鍋將皮面煎至焦香，最後再用溫度220℃的烤箱烤1分半鐘加熱表面。為了讓顧客享受配菜蘘荷清爽的風味，以紅葡萄酒醋醃漬。醬汁採用隱藏著春季當令的北寄貝高湯鮮味，以及柚子香味的白葡萄酒醬汁。還加上玉簪芽和蠶豆，是一道讓人感受到春天來臨的料理。

材料

鰆魚…75g
青海苔（生）…適量
北寄貝…適量
白葡萄酒濃縮（Réduction）醬汁※…適量
包心菜糊※…適量
鹽…適量
玉簪芽…適量
蠶豆…適量
山葵花…適量
蘘荷…適量
紅葡萄酒醋…適量
EXV橄欖油…適量

※白葡萄酒濃縮醬汁
材料（準備量）
白葡萄酒…1000ml
紅蔥頭…100g
柚子汁…20ml
柚子皮（磨碎）…3g
奶油…100g
北寄貝高湯…30ml

1 在鍋裡放入白葡萄酒和切片紅蔥頭混合煮沸，熬煮到剩150g。
2 熬煮好後用手握式電動攪拌器攪碎。
3 在鍋裡放入北寄貝高湯、2的白葡萄酒濃縮醬汁50g、柚子汁和磨碎的柚子皮混合煮沸，加入奶油混合使其乳化。

※包心菜糊
材料（準備量）
包心菜…600g
洋蔥…150g
奶油…100g
鹽…適量

1 切成扇形片的洋蔥用奶油炒到還未上色即可，加包心菜和少量水，加蓋燜煮。
2 煮軟後用手握式電動攪拌器攪碎。
3 加鹽調味。

作法

1 在淺鋼盤中放上鰆魚，在八成的魚片上黏貼青海苔，包上保鮮膜放入冷藏庫醃漬半天。

2 玉簪芽水煮一下後，調拌EXV橄欖油。蠶豆用鹽水煮過。山葵花的莖水煮後撒鹽（山葵花的花和葉直接用新鮮的）。蘘荷切絲，用紅葡萄酒醋醃漬。

3

從冷藏庫取出的鰆魚，放在常溫中1小時後，放入放了網架的淺鋼盤中，放入58℃的旋風蒸烤箱中加熱30分鐘。

4 從烤箱中取出的鰆魚，放在倒了橄欖油的鐵板上，將皮面煎至焦脆。

5 在淺鋼盤中放入4的鰆魚，放入220℃的烤箱中烘烤1分半鐘。

6

從烤箱中取出鰆魚切半，在兩側面撒點鹽。

7

在盤中盛入玉簪芽。再放上蠶豆。呈圓形倒入包心菜糊，在中央倒入白葡萄酒濃縮醬汁。在側面盛入鰆魚。上面放上醃好的蘘荷。最後撒上山葵花和葉。

河內晚柑和茴香醃蝦蛄，蝦味噌調拌紅萵苣

考慮醃漬的時間，提升和醬汁的整體感

料理圖見 P.163

我用充滿濃厚甜味與酸味果汁的河內晚柑的濃郁味道，和具有柔和甜味的芳香茴香來醃漬活蝦蛄。只醃漬很短的時間。河內晚柑和茴香的香味和味道稍微融入蝦蛄中，推算最恰當的融合時間提供上桌。這項醃漬作業的目標不是為了讓醃蝦蛄的味道產生變化，而是為了和醬汁呈現整體感。以蝦蛄味噌製作的蝦味噌，用奶油拌炒後，放在具獨特甜味與微苦的紅萵苣上。盤中組合的濃縮醬汁雖然是簡單的醬汁，卻能襯托蝦蛄的味道。還加上黃色的油菜花來增添色彩。

材料

活蝦蛄…1尾
鹽…適量
醃漬液※…適量
乳化汁（Émulsion）※…適量
蝦味噌奶油※…適量
早生紅萵苣（Radicchio precoce）…適量
油菜花的花…適量
橄欖油…適量

※醃漬液
材料（準備量）
河內晚柑…1個（200g）
河內晚柑汁…20ml
河內晚柑皮…1/20個份
橄欖油…20ml
茴香葉…5g
紅洋蔥…4g

1 紅洋蔥切末。（不用水浸泡，讓味道和香味釋入醃漬液中）
2 河內晚柑去皮，取出果肉，榨汁備用。
3 在鋼盆中混合材料。

※橄欖油乳化汁
材料（準備量）
EXV橄欖油…125ml
白煮蛋（M尺寸）…1個
鹽…適量

1 製作半熟蛋。在煮沸的熱水中放入雞蛋，水煮4分半鐘後取出，放入冰水中冷卻。
2 在鋼盆中放入半熟蛋，慢慢加入少量EXV橄欖油混合使其乳化。
3 加鹽調味。

※蝦味噌奶油
材料
蝦蛄味噌…1尾份（譯註：蝦蛄味噌指蝦蛄的中腸腺）
奶油…和蝦蛄味噌等量

1 處理好的蝦蛄，用鑷子從頭部取出味噌（中腸腺）。
2 在鍋裡放入蝦蛄味噌和等量的奶油煮沸，拌勻至鬆軟狀。

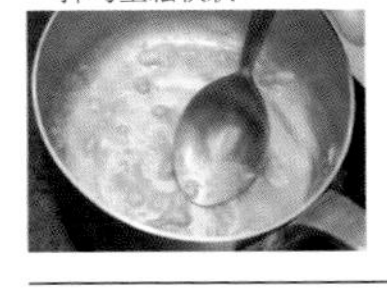

作法

1 活的蝦蛄用熱鹽水（3%）煮過（約1分30秒）後，用冰水急速冷卻。

2 處理好蝦蛄。切掉蝦頭部分，用蝦頭裡的味噌製成蝦味噌奶油。

3 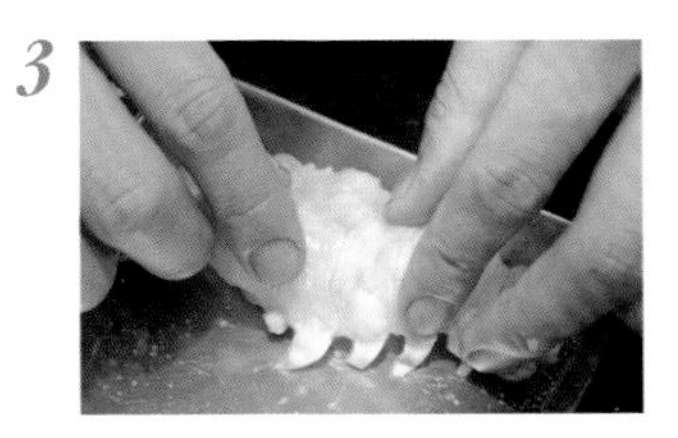

在淺鋼盤中放上蝦蛄，撒鹽使其入味。

4 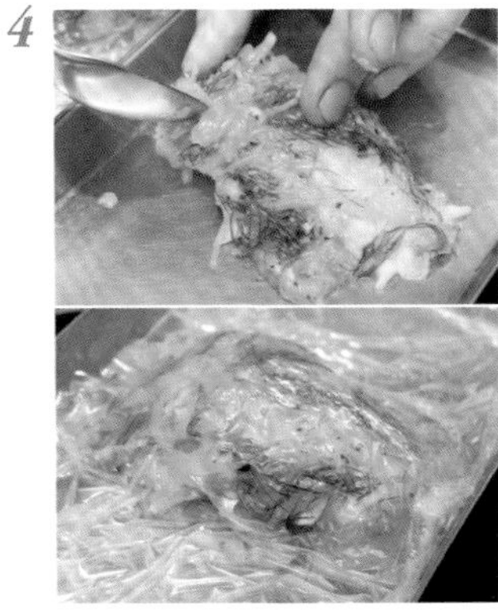

接著在蝦蛄上淋滿醃漬液，用保鮮膜密貼蓋住，放入冷藏庫醃漬30分鐘。

5 

用橄欖油拌炒一下早生紅萵苣，淋上蝦味噌奶油。

6 用刷子在盤上塗上橄欖油濃縮醬汁。淋上橄欖油，放上切片的茴香莖。蝦蛄連醃漬液一起盛入盤中，撒上油菜花的花，放上5的紅萵苣。

食譜見 P.174

櫻鯛天使細冷麵　佐番茄醬汁

高山直一「PIATTI CASTELLINA」主廚

食譜見 P.175

白巴薩米克醃青花魚和大麥沙拉、佐蘋果辣根雪酪

高山直一「PIATTI CASTELLINA」主廚

食譜見 P.176

米蘭風炸豬排　佐香草檸檬奶油醬汁

高山直一「PIATTI CASTELLINA」主廚

食譜見 P.177

烤麴漬鴨和根菜　佐白舞茸和番茄乾醬料

高山直一「PIATTI CASTELLINA」主廚

食譜見 P.178

海藻燜煮紅金眼鯛、文蛤和筍

高山直一「PIATTI CASTELLINA」主廚

食譜見 P.179

醃西瓜和椰子塔

高山直一「PIATTI CASTELLINA」主廚

櫻鯛天使細冷麵　佐番茄醬汁

鹽漬櫻葉和醋橘皮，用和風香味醃漬

料理圖見 P.168

從日本料理中能學到許多在料理裡融入季節感的重點。我一面創作料理，一面也積極將季節感這樣的要素和日本食材融入其中。這道天使細冷麵正是這樣的料理。春天櫻鯛以鹽漬櫻葉和醋橘皮醃漬後，讓獨特櫻葉和醋橘香氣混合融入鯛魚肉中。這可以說是櫻葉漬的技法，直接運用鹽漬櫻葉會太鹹，需要先去鹽後再包覆魚肉。這樣才能適度滲入鹽份，香味也會融入魚肉中。並以香魚的魚醬和醋橘汁來調味。雖然料理以和風香味和味道為基調，不過，還分別運用醃新鮮番茄的果肉和番茄汁來製作醬汁和雪酪。我推估日、義風味一定會融合。香魚醬的特色是具有魚醬的濃醇風味，同時也有柔和的香味與味道。

材料（4盤份）

加臘（魚片）…1片
鹽漬櫻葉（已去鹽）…3片
醋橘皮…適量
香魚醬…適量
醋橘汁…適量
EXV橄欖油…適量
天使細麵…適量
番茄醬汁（Checca sauce）※…適量
番茄雪酪※…適量
山蘿蔔、蒔蘿、紫蘇花穗、紫蘇芽
…各適量

※番茄醬汁和番茄雪酪
材料
番茄…1000g
鹽…8g
白砂糖…4g
大蒜…適量
EXV油…適量
鹽…適量

1 番茄亂刀切塊，撒鹽和白砂糖醃漬一晚。
2 用重疊的廚房紙巾過濾番茄滲出的湯汁，製成透明番茄汁，冰凍製成雪酪。
3 製作番茄醬汁。將醃好的番茄果肉、大蒜、EXV油和鹽，用果汁機攪碎。

作法

1

加臘魚切長條魚片，抹上磨碎的醋橘皮，用已去鹽的鹽漬櫻葉捲包，用保鮮膜包好醃漬一晚。

2
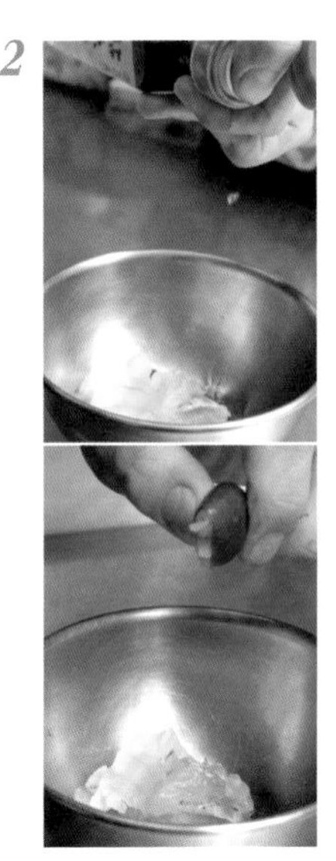
醃漬好的加臘切短塊，用香魚醬、醋橘汁和EXV橄欖油調味。

3 天使細麵用水煮好後，過冰水，冷卻後用廚房紙巾擦去水分，用番茄醬汁調拌。

4 在容器中盛入 3，放上 2，撒上番茄冰沙和香草類。

白巴薩米克醃青花魚和大麥沙拉、佐蘋果辣根雪酪

醃青花魚、蘿蔔泥、煎酒和辣根等日式食材製作的義大利風味料理

料理圖見 P.169

青花魚用鹽、砂糖和白胡椒適度醃漬去除腥味後，用芳香怡人的白巴薩米克醋醃漬。雖是醋漬，但為了讓魚肉味道圓潤沒有刺鼻的酸味，醃料中還加入白砂糖和檸檬，使酸味變柔和。具有甜味的醃料和青花魚很合味。醃漬青花魚是這盤料理的主角，再備齊紅心蘿蔔的西班牙冷湯、大麥沙拉、煎酒泡沫凍和蘋果辣根雪酪等元素，使青花魚吃起來風味更清爽。西班牙冷湯是用醃漬過的紅心蘿蔔，連同醃漬液大致攪碎，和日式料理中的白蘿蔔泥作用相同。辣根又名西洋山葵，作為生魚片的芥末醬為大家所熟知。以日本酒和醃梅熬煮成的煎酒，也是日本料理的生魚片的調味料，由此證明它和醋漬青花魚合味。料理整體在口感上略顯不足，因此還加上具有顆粒口感的大麥沙拉。

材料（準備量）

青花魚…適量

青花魚用醃料

A

鹽…250g
白砂糖…100g
白胡椒…15g

B

白巴薩米克醋…50g
水…250g
檸檬汁…1/2個份
白砂糖…50g
鹽…適量
白胡椒…適量

大麥沙拉※…適量
紅心蘿蔔的西班牙冷湯（Gazpacho）※…適量
煎酒泡沫凍（Nube）※…適量
蘋果辣根雪酪※…適量
微型菜（Micro greens）…適量

※大麥沙拉
材料
大麥…適量
油菜花…適量
臭橙（Kabosu）果汁…適量
EXV橄欖油…適量
鹽…適量
白芝麻…適量

※紅心蘿蔔的西班牙冷湯
材料
紅心蘿蔔…適量
鹽…相對於食材的3%
白巴薩米克醋…500g
白砂糖…200g
昆布高湯…250g
百里香…適量
白芝麻…適量

※煎酒泡沫凍
材料
日本酒…100g
梅酒（10年熟成）…5g
昆布高湯…80g
鹽…適量
吉利丁片…5g

1 日本酒、梅酒和昆布高湯混合煮沸，加鹽調味，加入泡水回軟的吉利丁片使其融化，一面泡冰水，一面打發，再冷藏使其凝固。

※蘋果辣根雪酪
材料
蘋果…300g
水…100g
白砂糖…30g
辣根（Horseradish）…適量

1 剝除蘋果皮和果核，在鍋裡放入水和白砂糖煮至變軟為止。
2 用果汁機攪打 1 後放涼，放入冷凍庫中冷凍。
3 磨碎辣根，一面和 2 混合，一面製成雪酪。

作法

1

製作「白巴薩米克醃青花魚」。青花魚用三片切法分切魚片，塗抹混合好的A。約靜置2小時後，用流水洗掉鹽，瀝除水分，放入B的醃料中醃漬，表面泛白後取出，瀝除水分，靜置一晚以上備用。

2

製作大麥沙拉。分別水煮大麥和油菜花，加入1：3比例的臭橙汁和EXV橄欖油，再加鹽和白芝麻調味。

3

製作紅心蘿蔔的西班牙冷湯。將昆布高湯、鹽、醋、砂糖和百里香全部混合，煮沸一下放涼。將切片紅心蘿蔔放入昆布高湯的醃漬液中醃漬一晚，連同醃漬液用果汁機大致攪打。

4 除去1的青花魚腹骨，剔除小骨，去皮。切花後切片。

5 在容器中，依序盛入紅心蘿蔔的西班牙冷湯、大麥沙拉、白巴薩米克醃青花魚、煎酒泡沫凍、蘋果辣根雪酪及微型菜。

米蘭風炸豬排　佐香草檸檬奶油醬汁

鎖住醃漬豬肉鮮味的義式炸豬排技法

料理圖見 P.170

這是用熟成豬肉簡單裹上麵包粉再油炸的米蘭風炸豬排（Cotolétta）。雖然都是常用的食材，不過我希望肉塊具有令人滿足的厚度，顧客能充分品嚐豬肉的鮮味與甜味。因此，我將肉塊切成3～4cm的厚。這個厚度，比起煎烤方式，燜烤肉裡的米蘭風炸豬排技法，肉塊受熱更均勻。肉塊除了用鹽和白胡椒醃漬外，還以迷迭香和大蒜增添迷人風味，由於裹上葵花油，肉排完成後口感豐潤多汁。炸油味道略濃郁，均勻混合了沙拉油、豬油和清澄奶油液，以呈現理想的風味。因為加入清澄奶油，所以油香撲鼻。吃起來十分爽口，推薦可搭配紫包心菜和清爽的檸檬奶油醬汁。彩色的小丁是醃漬蔬菜的醃漬液製成的凍。平時我就用釋入鮮麗色彩的各種蔬菜醃漬液製作以備用。

材料

豬里肌肉…適量
迷迭香…適量
大蒜…適量
葵花油…適量
鹽、白胡椒…各適量
羅馬羊乳起司（Pecorino Romano）、蛋汁、麵包粉（細）…各適量
炸油…適量
※沙拉油和豬油以3：1的比例混合，加入清澄奶油液增加風味。
醃紫高麗…適量
※切絲後加鹽，擠出水分後，放入泡菜用醃漬液（P.175）中醃漬。
紫高麗凍、黃椒凍…各適量
※在醃漬紫高麗和黃椒各別的醃漬液中，融化吉利丁製成凍，再切成丁狀。
檸檬奶油醬汁※…適量
卡斯特佛蘭科斑紋菊苣（Radicchio Variegato di Castelfranco）、綜合蔬菜嫩葉…各適量
鹽之花、粗磨胡椒…各適量

※檸檬奶油醬汁
材料
蛋黃…2個
奶油…150g
檸檬汁…20g
A
肉高湯…200g
紅蔥頭…20g
油封大蒜…20g
粗磨胡椒粒…2g
鹽…2g
義式培根…適量
迷迭香…適量
百里香…適量
鼠尾草…適量

1 在鍋裡放入A熬煮，過濾。
2 奶油放在室溫中回軟，加蛋黃、檸檬汁充分混合，再慢慢加入1混合。

作法

1

豬里肌肉切成3～4cm的厚，用迷迭香、大蒜片和葵花油醃漬。

2 充分拭除豬里肌肉的醃漬液，加鹽和白胡椒調味，依序沾上羅馬羊乳起司、麵包粉、蛋汁和麵包粉。

3

放入炸油中，炸到淡淡上色為止，瀝除油分暫放鬆弛。

4 暫放鬆弛後再放入烤箱加熱，再取出鬆弛，切塊。

5 在容器中盛入醃紫高麗，鋪入檸檬奶油醬汁，放上4，撒上鹽之花、粗磨胡椒粉，再裝飾上紫高麗凍、黃椒凍、卡斯特佛蘭科斑紋菊苣和綜合蔬菜嫩葉。

烤麴漬鴨和根菜　佐白舞茸和番茄乾醬料

以鹽麴和甜酒的麴力讓肉變軟，烤出更佳的風味

料理圖見 P.171

比起鹽和砂糖，鹽麴和甜酒的鹹味和甜味更圓潤、風味更棒。若用鹽麴和甜酒的醃漬液醃肉，透過麴的作用，能期待肉質變得更柔軟。這裡使用比牛、豬肉肉質更硬的鴨肉，為完成豐潤多汁、風味佳的鴨肉，因此使用鹽麴和甜酒。不過，我希望鴨皮側能烤得焦脆，為了不讓水分滲入，只有肉側醃入醃漬液中。皮側則塗上橄欖油以免變乾。蔬菜也經長時間醃漬，讓鹹味和甜味充分滲入。肉和根菜都經適度的煎烤，顧及煎烤過的蔬菜吃起來也很可口，搭配上白舞茸、番茄乾、紅蔥頭和生火腿等具鮮味與味道的食材製成的醬料。

材料（1盤份）

鴨胸肉…1/2片
根菜（胡蘿蔔、金美胡蘿蔔、白蘿蔔、紫蘿蔔、蕪菁、青蔥）…適量
鹽麴…適量
甜酒…適量
麵粉…適量
EXV油…適量
白舞茸和番茄乾醬料
白舞茸…適量
番茄乾（切末）…適量
紅蔥頭（切末）…適量
生火腿（切末）…適量
肉高湯…適量
鹽之花、粗磨胡椒粉…各適量
馬鬱蘭、山椒、紅芥菜…各適量

作法

1 鴨里肌肉剔除多餘油脂，清理乾淨。根菜切成易食用大小。

2

鹽麴和甜酒以2：1的比例混合成醃漬液，分別醃漬鴨肉和根菜類。鴨肉僅肉側醃入醃漬液中，為避免皮側變乾塗上橄欖油，靜置一晚。根菜約醃漬5天，讓它徹底入味。

3

製作醬料。用EXV橄欖油拌炒紅蔥頭、生火腿、番茄乾和白舞茸，加入肉高湯熬煮。

4

在醃好的鴨肉皮側劃淺切口。在平底鍋中加熱橄欖油，將兩面煎至上色後，放入烤箱約烤1分鐘，取出鬆弛後切片。

5

取出 2 的根菜，用平底鍋煎烤。

6 在容器中盛入鴨肉、根菜和 3 的醬料，撒上鹽之花、粗磨胡椒粉、馬鬱蘭和山椒，再裝飾上紅芥菜。

海藻燜煮紅金眼鯛、文蛤和筍

以海水相同的濃度醃漬出魚肉的鹹味和鮮味

料理圖見 P.172

這道料理是在調整成海水鹽分濃度的鹽水中加入昆布和蔬菜水煮，再用煮出的醃漬鹽水來醃漬紅金眼鯛。探究「Mariné（醃漬）」的意涵，可追溯到海水。自古以來，海水一直被用於烹調中，這裡我也應用此方法來燜煮海鮮。魚肉放在醃漬液中經長時間醃漬，讓鹽和昆布的鮮味滲入魚肉中來提升風味。一起燜煮的菜料中，以文蛤和海帶芽來表現大海的感覺。加入酸豆、橄欖、番茄乾等富味道的材料，光這樣湯就很美味，還附上生海苔燉飯，這樣顧客能用湯泡飯吃到一滴都不剩。另一方面，春之味覺的竹筍組合新海帶芽的「煮嫩筍」，此料理中也呈現出這樣日本風味主題。顧客還能享受花山葵、胡椒木等季節的香味。

材料（4盤份）

紅金眼鯛（魚片）…1片
魚用醃漬鹽水※…適量
文蛤（吐過沙的）…1個
筍（煮過的）…1支
鯛魚昆布高湯※…適量
新鮮海帶芽…適量
酸豆…適量
橄欖…適量
半脫水櫻桃番茄…適量
EXV橄欖油…適量
花山葵…適量
胡椒木…適量
生海苔燉飯…適量
※用鯛魚昆布高湯炊煮。

※魚用醃漬鹽水（準備量）
鹽水（2.5%）…2000g
昆布…40g
洋蔥…100g
胡蘿蔔…50g
芹菜…50g
迷迭香…2枝

1 用鹽水醃漬昆布，靜置一晚備用。
2 將洋蔥、胡蘿蔔、芹菜切薄片，加入1中煮沸，放涼。

※鯛魚昆布高湯

1 鯛魚的魚骨和魚頭上撒鹽去除腥味，烤至未上色程度後，加入昆布和香味蔬菜煮出味道。

作法

1

紅金眼鯛切成魚片，和魚用醃漬鹽水一起放入塑膠袋中，醃漬12～18小時。

2

在鍋裡放入紅金眼鯛、文蛤、筍、鯛魚昆布高湯、新鮮海帶芽、酸豆、橄欖、半脫水櫻桃番茄和EXV橄欖油，加蓋燜煮。

3 快煮好前加入花山葵，稍微加熱後，連汁盛入容器中。

4 在筍上裝飾胡椒木，另外附上生海苔燉飯後提供。

醃西瓜和椰子塔

減少西瓜水分，再用鹽和紅葡萄酒醃漬

料理圖見 P.173

我一面回想夏天在義大利吃過的美味醃西瓜，一面創作出這道夏季的西瓜甜點。多汁甜美是西瓜最大的魅力，可是製成甜點時水分卻太多，所以我先用鹽去除水分。去除水分後，再放入肉桂風味的紅葡萄酒醃漬液中醃漬來增加風味。並用釋入西瓜汁的醃漬液製作醬汁和西瓜凍，讓顧客在一盤甜點裡，能夠享受到西瓜的各種魅力。還加入夏季甜點不可或缺的椰子甜香味，來搭配紅葡萄酒風味的西瓜。組合海綿蛋糕和冰淇淋，目的是讓顧客口中能享受到各種風味的變化。根據西瓜撒鹽更甜的論點，還撒上鹽之花作為重點風味。

材料

西瓜…適量
鹽…重量的1～1.5%量
西瓜醃漬液（準備量）
　紅葡萄酒…500g
　白砂糖…150g
　肉桂…適量
　香草莢…適量
（完成用）
椰子海綿蛋糕※…適量
甜塔皮（Pâte sucrée）的粉…適量
※烘烤甜塔皮，用食物調理機攪打成粉狀。
椰絲…適量
鹽之花…適量
椰子冰淇淋…適量
酸奶油和鮮奶油的醬汁…適量
※將酸奶油和鮮奶油混合。
鮮奶香草泡沫…適量
※在鮮奶中醃漬香草，讓香味釋入鮮奶中再打發。
薄荷葉…適量

※椰子海綿蛋糕（準備量）
材料
蛋白…375g
白砂糖…125g
糖粉…200g
杏仁粉…100g
椰絲…250g
低筋麵粉…40g

1 將蛋白和白砂糖打發，混合粉類，倒入模型中。
2 放入180℃的烤箱中，烘烤15分鐘。

作法

1 西瓜去皮，切圓片，撒上鹽靜置一晚去除水分。

2

紅葡萄酒、白砂糖、肉桂和香草莢混合煮沸，煮到酒精揮發後放涼。擦乾1的西瓜水分，放入醃漬液中醃漬一晚。

3 從醃漬液中取出西瓜，剔除種子，切成小丁。

4

將 3 的醃漬液製成醬汁和凍。熬煮醃漬液製成醬汁。在醃漬液中加入海藻果凍粉（Pearl agar），冷藏凝固製成凍，再切成小丁。

5 在盤中盛入 3 的西瓜和 4 的凍，以及切成小丁的椰子海綿蛋糕。撒上甜塔皮的粉、椰絲和鹽之花，加上椰子冰淇淋、酸奶油和鮮奶油醬汁、鮮奶香草泡沫，倒入 4 的醬汁，最後裝飾上薄荷葉。

食譜見 P.184

香草油漬水煮豬肉

二瓶亮太「Osteria IL LEONE」主廚

食譜見 P.185

煙燻雞胸肉

二瓶亮太「Osteria IL LEONE」主廚

蒸海鱔、新鮮番茄醬汁

二瓶亮太「Osteria IL LEONE」主廚

蒸海鱔、新鮮番茄醬汁

海鱔以牛乾菌增加香味，切除多餘油脂後油漬

在義大利語中，「Vapore」是指蒸的烹調法。以香味濃的牛乾菌醃漬的海鱔，一面用旋風蒸烤箱蒸烤，一面讓它滲入大蒜和巴西里的香味。接著海鱔再用白葡萄酒醋和橄欖油醃漬。海鱔油脂的鮮味和牛乾菌的野性芬香非常對味。蒸烤的烹調法能使魚肉口感豐嫩，也能去除多餘的油脂，完成無腥味的清爽風味。將與海鱔清淡味道合味的新鮮番茄製成醬汁，並以芝麻的濃醇風味和嚼感，增加料理的重點風味。

材料（準備量）

海鱔…5尾
鹽…10g
砂糖…5g
牛肝菌粉…適量
EXV橄欖油…適量
大蒜（切末）…適量
義大利巴西里（切末）…適量
橄欖油…適量
（完成用）
新鮮番茄醬汁※…適量
巴薩米克醬汁…適量
牛乾菌粉…適量
義大利巴西里、裂葉芝麻菜…各適量
EXV橄欖油…適量

※新鮮番茄醬汁
材料
番茄…適量
義大利巴西里（切末）…適量
橄欖油…適量
鹽、胡椒…各適量

1 番茄切碎，加入其他材料調拌，再調味。

作法

1 將海鱔切開，撒上鹽、砂糖、牛肝菌粉和EXV橄欖油，放入冷藏庫醃漬一晚。

2 將1水洗後擦除水分，放上大蒜和巴西里，均勻淋上橄欖油，用鋁箔紙緊密包好，放入旋風蒸烤箱中，以蒸氣模式、溫度100℃烤10分鐘。

3 待2涼了後，淋上白葡萄酒醋和橄欖油，用保鮮膜緊密包好，放入冷藏庫醃漬2～3小時。

4

將3切成易食用大小，一盤盛入1/2尾份，淋上新鮮番茄醬汁，加上巴薩米克醬汁、牛乾菌粉、義大利巴西里和裂葉芝麻菜，最後均勻淋上EXV橄欖油。

香草油漬水煮豬肉

鮪魚般的油漬豬肉沙拉

料理圖見 P.180

這是托斯卡納州奇揚地（Chianti）地區的著名料理。豬肉鹽漬後再加白葡萄酒水煮，口感非常像鮪魚。之後豬肉再油漬。我考察奇揚地那裡150多年的老肉鋪，發現這個方式最適合用來保存豬肉。約醃漬一週時間便能大快朵頤，豬肉吃起來很像鮪魚，也能活用在各式料理中。這道料理是將豐潤的肉撕碎，和白菜豆組合成沙拉。因豬肉已充分入味，所以只要簡單淋上檸檬汁和橄欖油就很美味。豬肉用加入大量香味蔬菜水煮後，再用加了月桂葉、迷迭香、鼠尾草和香草的橄欖油充分醃漬出香味，吃起來完全感受不到肉腥味。

材料（準備量）

豬後腿肉…2kg
鹽…適量
水煮用
鹽…20g
白葡萄酒…720ml
月桂葉…8～10片
洋蔥…1個
胡蘿蔔…1/2根
芹菜葉、巴西里的莖…各適量
水…適量
醃漬用
EXV橄欖油…適量
月桂葉…適量
迷迭香…適量
鼠尾草…適量
黑粒胡椒…適量
（完成用）
白菜豆…適量
※泡水回軟，加鹽、橄欖油後水煮。
義大利巴西里…適量
紅洋蔥（切片）…適量
檸檬…1/4個

作法

1 豬後腿肉切成適當大小的塊狀，為了讓味道容易滲入，用叉子等在數個地方戳洞。在整體抹上鹽靜置一晚。

2 用流水洗去1的鹽分，放入鍋中，加鹽、白葡萄酒、香味蔬菜和香草，加入剛好能蓋過材料的水。慢慢水煮到豬肉變軟為止，豬肉泡在煮汁中直接放涼。

3

取出豬肉，瀝除水分，放入醃漬用橄欖油和香草中醃漬。約靜置1週即完成。

4

收到訂單時將豬肉從油中取出，用手撕碎，加鹽和胡椒調味，大致調拌白菜豆，放上紅洋蔥，撒上義大利巴西里，放上檸檬。

煙燻雞胸肉

用豆泥醃漬，加入與煙燻香味相襯的甜味

料理圖見 P.181

在義大利料理中，白菜豆是很受歡迎的食材。煙燻雞肉時，我希望在肉中加入白菜豆特有的甜味，所以將它製成泥拿來醃漬雞肉。醃料是在豆泥中加鹽和砂糖，以及具有消除肉腥味效用的迷迭香和鼠尾草。比起一般的煙燻肉，這裡還加入豆子甜味、香味與厚味，更添風味。雞肉和使用義大利麵粉烘烤的自製麵包也非常對味，和義大利葉菜一起放到麵包上享用更加美味。使用紫葉菊苣、早生紅萵苣和卡斯特佛蘭科斑紋菊苣三種葉菜。全屬於菊苣類，略具苦味，和燻過的雞肉淡淡甜味與濃厚香味十分對味。它們擁有日本蔬菜沒有的華麗感也是一大魅力。

材料（準備量）

雞腿肉…1片
醃漬用（準備量）
- 白菜豆泥…300g
- 鹽…50g
- 砂糖…25g
- 迷迭香…適量
- 鼠尾草…適量
- 大蒜…適量

紫葉菊苣，早生紅萵苣…適量
卡斯特佛蘭科斑紋菊苣…適量
檸檬汁、鹽、橄欖油…各適量
自製麵包…適量
義大利巴西里（切末）…適量

作法

1 雞腿肉切開厚的部分，修整均勻。

2 白菜豆泥和鹽、砂糖、迷迭香、鼠尾草和大蒜混合，塗覆在1的雞肉上，醃漬一晚。

3 將 2 用流水沖洗約30分鐘，去鹽後，瀝除水分放入冷藏庫乾燥2～3小時。

4 

加熱煙燻木屑，在網架上放上 3，加蓋煙燻5分鐘。將肉翻面再煙燻5分鐘，放入160℃的烤箱中加熱5分鐘。

5 將燻過的雞肉切成易食用大小盛入盤中，加上紫葉菊苣、早生紅萵苣、卡斯特佛蘭科斑紋菊苣和自製麵包，均勻淋上檸檬汁、鹽和橄欖油，撒上義大利巴西里。

食譜見 P.190

醃短鮪大腹和蔬菜的千層派　佐番茄泡菜醬汁

小山雄大「Tratoria Al Buonissimo」主廚

食譜見 P.191

運用三種技法的醃蛋黃

小山雄大「Tratoria Al Buonissimo」主廚

食譜見 P.192

和牛的醃漬

小山雄大「Tratoria Al Buonissimo」主廚

食譜見 P.193

醃莫札瑞拉

小山雄大「Tratoria Al Buonissimo」主廚

醃短鮪大腹和蔬菜的千層派　佐番茄泡菜醬汁

層疊生鮪魚火腿和醃蔬菜，是味濃蔬菜的前菜

料理圖見 P.186

本店購入半身短鮪時，才會製作生鮪魚火腿。鮪魚一面以吸水紙吸除水分，一面放在冷藏庫的風口處乾燥1個月，讓富油脂的大腹段的鮮味濃縮。其濃厚鮮味使蔬菜變美味。鮪魚用和血香味非常搭調的巴薩米克醋和番茄高湯醃漬。我希望提引出蔬菜的原味，並突顯其個性，夾在鮪魚火腿間的彩色甜椒、節瓜和紅茄子，也配合各蔬菜用不同的醃漬液醃漬。紅茄子用熱那亞青醬加沙丁魚魚醬，呈現出個性風味。蔬菜氧化後色澤會變差，所以採真空包裝方式醃漬。醬汁使用醃過的番茄製成新鮮醬汁，這道以蔬菜為主角的料理才大功告成。

材料（4盤份）

醃短鮪大腹（前腹段）
- 短鮪大腹的生火腿※（2mm厚）…20片
- 番茄高湯…80g
- 鹽…2g
- 大蒜（切片）…1瓣份
- 羅勒葉…4片
- 15年熟成巴薩米克醋…10g
- EXV橄欖油…15g

醃彩色甜椒
- 彩色甜椒（紅・黃）…各1個
- 彩色甜椒高湯（烤汁）…適量
- 白巴薩米克…40g
- 大蒜（切片）…1瓣份
- EXV橄欖油…10g
- 鹽…適量

醃節瓜
- 節瓜…1根
- 鹽…適量
- 檸檬汁…20g
- 番紅花粉…1g
- 大蒜（切末炒過）…少量
- EXV橄欖油…30g

醃紅茄子
- 紅茄子…1條
- 熱那亞青醬（Genovese）…40g
- 鯷魚汁（Colatura di alici）…6g
- EXV橄欖油…10g

番茄泡菜醬汁
- 迷你番茄…20個
- 白葡萄酒醋…75g
- 白葡萄酒…75g
- 蜂蜜…10g
- 黑胡椒…5粒
- 羅勒…1枝
- EXV橄欖油…適量

※短鮪大腹的生火腿
材料
短鮪大腹…適量
鹽…鮪魚重量的2～3%
黑胡椒…適量

1 在短鮪大腹上抹上鹽和黑胡椒，進行鹽漬，用吸水紙一面吸收水分，一面放在冷藏庫的風口下約乾燥1個月。

作法

1

將生短鮪火腿切薄片，放入番茄高湯、鹽、大蒜、羅勒葉、熟成巴薩米克、EXV橄欖油中醃漬1天。

2

彩色甜椒用鋁箔紙包好，放入160℃的烤箱中烤30分鐘，去皮。烤汁和白巴薩米克混合熬煮後放涼，加大蒜、EXV橄欖油和鹽，放入烤好的彩色甜椒醃漬1天。

3

節瓜切薄片，撒鹽用網架烤過，用檸檬汁、番紅花粉、大蒜、EXV橄欖油醃漬。

4

紅茄子以直火烘烤，去皮，加熱那亞青醬、鯷魚汁和鹽，以真空包裝醃漬1天。

5

製作番茄泡菜醬汁。迷你番茄用熱水燙過去皮，剔除種子。將白葡萄酒醋、白葡萄酒、黑胡椒和蜂蜜混合加熱，煮沸一下後放涼。在這個醃漬液中，放入迷你番茄和羅勒葉醃漬1天。在醃好的迷你番茄中加入EXV橄欖油，用手握式電動攪拌器攪打成泥。

6

平鋪保鮮膜，整齊漂亮重疊1～4，仔細包好定形。

7 在容器中鋪入5的醬汁，盛入切成易食用大小的6，再裝飾上義大利巴西里。

運用三種技法的醃蛋黃

具有濃醇厚味的蛋黃，做3種個性醃漬

料理圖見 P.187

我和愛吃蛋的人聊天，發現很多人特別喜愛蛋黃。蛋雖是日常的食材，不過味道豐厚的蛋黃擁有其他食材所沒有的魅力。在這裡，我運用3種醃漬技法，來追求多樣蛋黃的美味，一盤料理中不只和其他味道和食材搭配，還呈現截然不同的蛋黃口感。首先進行準備工作。三種蛋黃包括蛋連殼直接冷凍再解凍，只取用蛋黃，以及單用蛋黃製作的水波蛋，以及生蛋黃。冷凍蛋以臭橙酸味和苦艾酒風味醃漬，再放上生海膽。水波蛋一面用白松露油增加香味，一面醃漬，再加上醃白蘆筍。生蛋黃以番茄醃料醃漬，讓蛋黃中滲入番茄酸味和鮮味。黏稠濃醇的蛋黃味展現無以倫比的豪華風味。

材料（4盤份）

醃冷凍蛋
- 冷凍蛋的蛋黃…4個
- 大蒜（切末炒過）…少量
- 臭橙汁…60g
- 苦艾酒…40g
- 蜂蜜…15g
- EXV橄欖油…30g

醃水波蛋（Poached egg）
- 蛋黃…4個
- 白葡萄酒醋…15g
- 白松露油…60g
- 鹽…適量

醃蛋黃
- 蛋黃…4個
- 番茄醬汁※…60g
- 番茄糊…120g
- 白砂糖…45g
- 鹽…30g

（完成用）
- 醃生海膽※…適量
- 生火腿…適量
- 醃白蘆筍※…適量
- 自製醃沙丁魚…適量

※小沙丁魚用鹽、辣椒粉和橄欖油醃漬，冷藏約2週使其熟成。

- 土耳其麵（Kadaif）…適量
- 芽蔥、義大利巴西里、白芝麻菜…各適量

※番茄醬汁

1 大蒜用橄欖油拌炒，加番茄熬煮到剩1/4量，再過濾。

※醃生海膽

材料
- 生海膽…適量
- 水果番茄…3個
- 鯷魚汁…20g
- 大蒜（切末炒過）…少量
- EXV橄欖油…15g

1 水果番茄切末後過濾成泥，混合鯷魚汁、大蒜和EXV橄欖油，放入生海膽醃漬半天。

※醃白蘆筍

材料
- 白蘆筍…100g
- 白葡萄酒醋…15g
- 帕瑪森起司粉…30g
- EXV橄欖油…10g

1 白蘆筍水煮後切末，放入白葡萄酒醋、帕瑪森起司粉和EXV橄欖油的混合液中醃漬30分鐘。

作法

1 製作醃冷凍蛋。蛋帶殼直接冷凍，取出蛋黃。將大蒜、臭橙汁、苦艾酒和蜂蜜混合熬煮，加EXV橄欖油，醃漬蛋黃1天。

2 製作醃水波蛋。在熱水中放入蛋黃，迅速水煮後過冰水。蛋黃裡保持生的狀態。混合白葡萄酒醋、白松露油和鹽，放入蛋黃醃漬約半天。

3 製作醃蛋黃。混合番茄醬汁、番茄糊、白砂糖和鹽後加熱，放涼後，放入生蛋黃醃漬3天。

4

在容器中盛入3種醃蛋黃。1的醃冷凍蛋上，放上醃生海膽和芽蔥。2的醃水波蛋旁，加上生火腿、醃白蘆筍和白芝麻菜。3的番茄醃蛋黃放在烤過的土耳其麵上，放上自製醃沙丁魚，再加上義大利巴西里。

和牛的醃漬

醃漬優質和牛紅肉讓香味更濃

料理圖見 P.188

和牛大多取臀肉部位作為牛排使用。雖然很多都會用牛里肌肉，但是光用鹽和胡椒調味，味道平淡無趣，香味也不濃。因此，我用熬煮過的波特酒和香味蔬菜醃漬牛肉一週時間，讓波特酒的香味與風味徹底滲入牛肉裡。再用旋風蒸烤箱。以蒸氣模式加熱15～20分鐘，才完成豐潤的肉質。牛肉接著用大蒜、香草和橄欖油再次醃漬，以重疊加深風味。運用兩階段醃漬，香味、風味和鮮味都變濃的牛肉，和白芝麻菜的野生苦味也超級對味。加上番茄乾、牛乾菌和帕瑪森起司等不同的鮮味，各式各樣的組合，任由顧客自由品味。

材料（4盤份）

和牛臀肉（100～150g的肉塊）…3塊
鹽、黑胡椒…各適量
波特酒（熬煮過）…適量
香味蔬菜（洋蔥、胡蘿蔔、芹菜、義大利巴西里、大蒜）…適量
迷迭香、百里香、大蒜、EXV橄欖油…各適量

醃牛乾菌乾
牛乾菌乾…20g
大蒜（切末炒過）…1瓣份
小牛高湯…60g
白葡萄酒…30g
迷迭香（切末）…1枝份
義大利巴西里（切末）…1枝份

醃番茄乾
番茄乾…40個
檸檬汁…30g
大蒜（切片）…1瓣份
檸檬油（Olio al Limone）…20g
羅勒…1枝

（完成用）
白芝麻菜、帕瑪森起司…各適量
EXV橄欖油…適量

作法

1

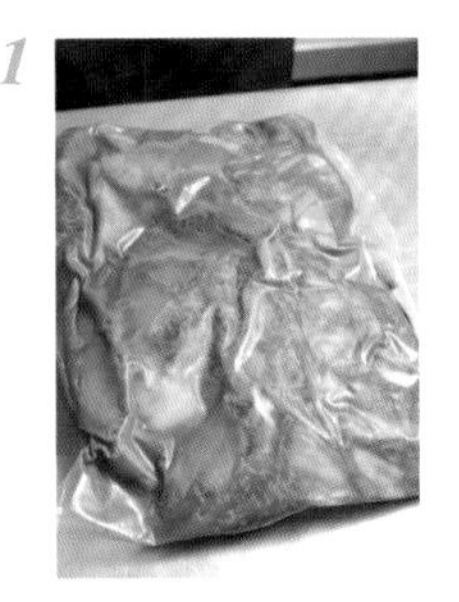

牛臀肉等紅肉部位切成100～150g的塊狀，加鹽和黑胡椒後，和波特酒和香味蔬菜一起真空包裝，放入冷藏庫約醃漬1週時間。

2 暫時取出 1，瀝除水分，採真空包裝，放入旋風蒸烤箱中，以蒸氣模式，溫度65℃蒸烤15～20分鐘。

3

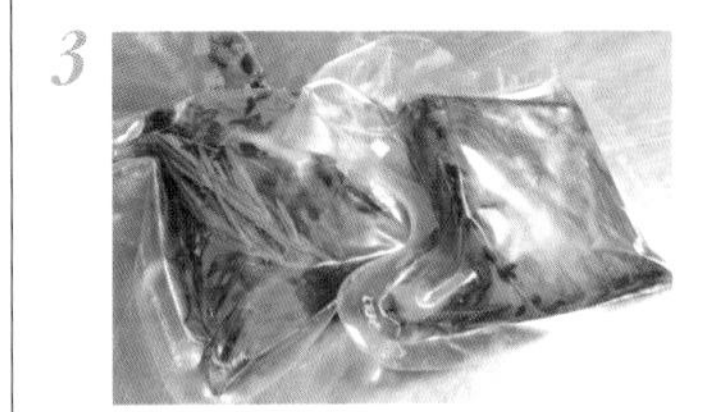

將 2 從真空包裝中取出，趁熱和迷迭香、百里香、大蒜和EXV橄欖油一起再次真空包裝，放入冷藏庫醃漬1～2天。

4

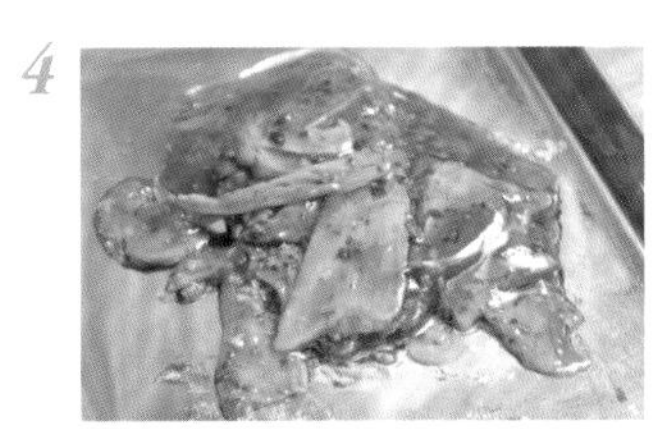

製作醃牛乾菌乾。牛乾菌乾和大蒜、小牛高湯、白葡萄酒、迷迭香和義大利巴西里一起真空包裝，放入冷藏庫醃漬。

5

製作醃番茄乾，番茄乾和檸檬汁、大蒜、檸檬油和羅勒一起真空包裝，放入冷藏庫醃漬。

6

將 3 切片，盛入容器中，放上 4、5、白芝麻菜，削下的帕瑪森起司，再均勻淋上EXV橄欖油。

醃莫札瑞拉

散發芬芳的堅果香味和濃郁甜味的成人風味甜點

料理圖見 P.189

在以核桃利口酒醃漬過的莫札瑞拉裡，包入少量醃覆盆子和蜂巢，再倒入氣泡酒，就完成這道雞尾酒風味的甜點。利口酒、氣泡酒，以及用檸檬酒醃漬的覆盆子，這道是酒精濃度高的成人風味甜點。在加鹽的熱水中放入莫札瑞拉凝乳，混合後即完成莫札瑞拉外皮，趁柔軟包入覆盆子和蜂巢。如雪白湯圓般的外形，設計初衷是想讓顧客不知內餡為何，而後獲得驚喜感。若只包入覆盆子酸味太重，因此組合甜味濃厚的蜂巢。香味濃的核桃利口酒是義大利傳統利口酒，以阿拉伯膠糖漿稀釋後，用來醃漬莫札瑞拉。

材料（4盤份）

莫札瑞拉凝乳（冷凍）…300g
熱水…適量
鹽…熱水的1％
醃覆盆子
　覆盆子…12粒
　檸檬酒（Limoncello）…50g
　檸檬汁…10g
　白砂糖…15g
蜂巢…25g
核桃利口酒（Nocello）…適量
阿拉伯膠糖漿（Gum syrup）…100g
※水和白砂糖以1：1的比例混合。
氣泡酒（Spumante）…適量

作法

1 覆盆子用檸檬酒、檸檬汁和白砂糖醃漬半天。

2

將莫札瑞拉凝乳解凍後壓碎，放入加了1％鹽的熱水中。混合後，起司會聚在一起。

3

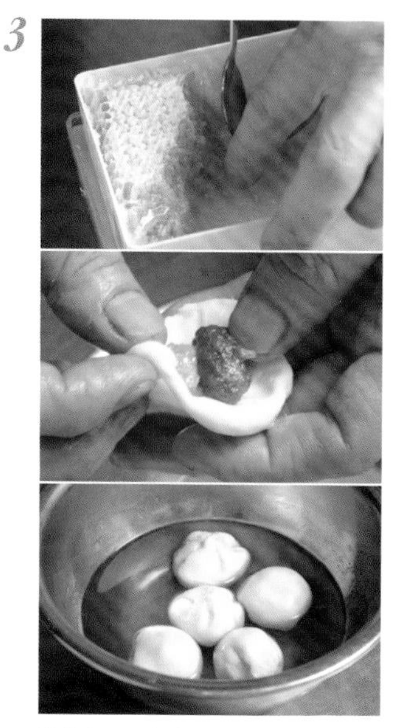

趁熱取一口大小的 2 壓成圓片，包入醃好的覆盆子和蜂巢，放入加了阿拉伯膠糖漿的核桃利口酒中醃漬30分～1小時。

4

將 3 連利口酒一起放入玻璃杯中，再倒入氣泡酒。

食譜見 P.200

加泰隆尼亞風味烤蔬菜

數井理央「Irene」店東兼主廚

食譜見 P.201

摩洛哥羊肉串燒

數井理央「Irene」店東兼主廚

食譜見 P.202

炸鯊魚

數井理央「Irene」店東兼主廚

食譜見 P.203

醋漬日本鯷

數井理央「Irene」店東兼主廚

油醋醃貽貝

數井理央「Irene」店東兼主廚

油醋醃貽貝

運用醃蔬菜使貽貝的鮮味更清爽

這道料理是在以白葡萄酒蒸過的貽貝上，放上醃蔬菜，讓貽貝吃起來更清爽，作為西班牙氣泡酒（Cava）和白葡萄酒的下酒菜也深受歡迎。貽貝和蔬菜都冰涼，製作成涼盤。貽貝以白葡萄酒蒸過後，放涼時直接泡在蒸汁中，不僅肉質更豐嫩多汁，釋入貽貝鮮味的蒸汁味道也會滲入貝肉中。放在上面的蔬菜，是嚼感爽脆的甜椒和洋蔥。用白葡萄酒醋、檸檬汁和橄欖油混成的簡單調味汁調拌，蔬菜本身也作為貽貝的調味醬享用。我希望顧客也能品嚐到殼裡殘留的貽貝蒸汁和蔬菜汁。為此，我僅用鹽略微調味。

材料（1盤份）

貽貝…12個
白葡萄酒…適量
紅椒・青椒…各2個
洋蔥…1/2個
白葡萄酒醋…1又1/2大匙
檸檬汁…少量
鹽…適量
EXV橄欖油…3～4大匙
蒔蘿…適量

作法

1 清理貽貝，放入鍋中用白葡萄酒蒸。貽貝開口後熄火，保持醃漬在蒸汁中放涼。涼了之後放入冷藏庫冰涼。

2

將青椒、洋蔥粗切末，用白葡萄酒醋、檸檬汁、鹽和橄欖油調拌，稍微靜置使味道融合。

3

將1的貽貝單側的殼拿掉，放上大量的2，盛入盤中，再裝飾上蒔蘿。

加泰隆尼亞風味烤蔬菜

能享受蔬菜厚味與稠糊口感的西班牙傳統風味

料理圖見 P.194

具有濃郁蔬菜美味的「加泰隆尼亞風味烤蔬菜（Escalivada）」，吃過的人無不感到訝異，彩色甜椒、茄子和洋蔥的味道竟然如此濃郁。完整蔬菜烘烤後，切成夠分量的大塊，一入口便充分感受到瀰漫開來的濃濃烤蔬菜美味。蔬菜先連皮直接用炭火烤焦後，再放入250℃的烤箱中徹底烤熟。有皮保護的果肉呈現濃郁稠糊的口感。接著使用這時釋出的烤汁醃漬蔬菜。為了讓顧客享受烤蔬菜、烤汁及蔬菜原味，醃漬的調味料很簡單，只有大蒜、白葡萄酒醋、橄欖油，以及為提引蔬菜味道的鹽。醃漬一晚味道融合後，不論冰涼或在常溫下，美味各異其趣。

材料（準備量）

茄子…5個
紅椒…2個
洋蔥…1個
大蒜（切末）…2瓣份
鹽…適量
白葡萄酒醋…適量
EXV橄欖油…適量

作法

1 茄子、紅椒和洋蔥連皮分別直接用火烘烤，烤到皮有焦色後，放入250℃的烤箱中烤至熟透。

2

蔬菜熟透後取出，去皮，放入淺鋼盤中。釋出的烤汁和大蒜、鹽、白葡萄酒醋和橄欖油混合倒入鋼盤中，醃漬一晚讓味道融合。

3

切成易食用的大小，連醃漬液一起盛入容器中。

摩洛哥羊肉串燒（Pincho moruno）

以香料醃漬，讓有羶味的羊肉易食用

料理圖見 P.195

這道料理原名中的「Moruno」，意指從摩洛哥流傳過來。這裡，我先在羊肉上抹上奧勒崗、孜然和彩色甜椒等，運用大量香料增加香料風味後，再製成串燒。比起鹹味，這道料理呈現香料的香味和風味更為重要。若鹹味太重的話，無法感受香料的味道，鹽分調整到稍微能感受到的程度即可，訣竅是料理完成後散發誘人香味。混合材料後倒入果汁機中攪打，材料攪碎變細滑後再抹到肉上，冷藏醃漬一、兩個晚上，讓它入味。事先肉上已撒鹽靜置，味道更容易滲入。羊腿肉若帶筋，不易嚼爛，所以剔除硬筋後再切成一口大小。

材料（準備量）

小羊後腿肉…1kg
鹽…適量
香料※…適量
大蒜…3瓣
巴西里…1枝
白葡萄酒…適量
純橄欖油…適量
鹽…適量
（完成用）
紅苦苣、迷迭香（枝）…各適量

※香料
材料（下為添加比例）
奧勒崗（乾燥） 1
孜然粉 1
彩色甜椒粉 2

作法

1 小羊後腿肉去筋，切成一口大小，撒點鹽約靜置1小時備用。

2 將香料、大蒜、巴西里、白葡萄酒和橄欖油放入果汁機中攪打，僅加入略能感覺到程度的薄鹽調味。白葡萄酒和橄欖油的比例為1：2。

3 

在1的羊肉上揉搓上2，冷藏醃漬1～2天。

4 

充分入味後，沿著肉的纖維刺入鐵籤，放在已加熱的烤板上烘烤兩面。

5 盛入容器中，加上紅苦苣和迷迭香。

炸鯊魚（Cazóno en adobo）

以加醋的醃料消除魚腥味，使味道更豐厚

料理圖見 P.196

安達盧西亞（Andalucia）地區的人們常吃油炸魚。魚片用醋、大蒜、香料醃漬後再炸的「Adobo（炸醃魚）」，也是深受歡迎的料理。味道清淡的白肉魚也能製作炸醃魚，讓魚肉中滲入醃料味道，再用油炸去除多餘的水分和腥味，增加魚的鮮味。尤其是鯊魚，隨著時間會逐漸散發出阿摩尼亞的臭味。這種烹調法也是消除此臭味的有效方法。魚片中先加入大蒜用手塗抹，讓香味充分散發。醃料中只加醋的話，酸味會太重，所以還加入和醋等量或更多的水調和。根據醋的酸味濃度和不同的季節，可適度調整醃料的味道。醃漬一晚充分入味後，光是這個味道就很可口美味。因魚片放在液體中醃漬，所以慢慢油炸，確實去除水分，才能炸出香酥爽口的口感。

材料（3盤份）

鯊魚（魚片）…600g
白葡萄酒醋…適量
大蒜…1瓣
奧勒崗（乾燥）…適量
辣椒粉…適量
水…適量
鹽…適量
麵粉…適量
沙拉油…適量
義大利巴西里…適量

作法

1 鯊魚切成一口大小。

2 將白葡萄酒醋、大蒜、奧勒崗、辣椒粉、水和鹽混合。大蒜用手弄碎，使其散發香味。根據白葡萄酒醋的酸味和不同季節，視個人喜好調整水量。

3 

將1放入2中醃漬，放入冷藏庫醃漬一晚。

4 取出3，擦除水分，薄沾麵粉，放入已加熱的沙拉油中油炸。因魚塊水分多，要充分油炸讓水分蒸發，炸到乾爽後取出，瀝除油分。

5 盛入容器中，撒上辣椒粉，裝飾上義大利巴西里。

醋漬日本鯷

儘量沖掉油脂，讓醋容易滲入魚片

料理圖見 P.197

在西班牙酒吧必備的醋漬沙丁魚，雖有不同的烹調法，但在「Irene」是採取西班牙風格的適度醃漬法製作。沙丁魚是使用日本鯷或鯷魚。醋漬時，和多油脂的魚肉相比，沒油脂的魚肉較易滲入醋。以三片切法分切好的沙丁魚，先用流水浸泡1～1個半小時。以流動的水浸泡漂洗，除了去除魚肉的腥臭味外，還能去除多餘的油脂。之後將魚片取出充分擦除水分，泡入混合鹽的白葡萄酒醋中醃漬一晚。再放入橄欖油中醃漬，加入切末的大蒜使風味更佳。橄欖的濃郁風味和醋漬沙丁魚超級對味。

材料（準備量）

日本鯷…2kg
白葡萄酒醋…1L
鹽…3大匙
大蒜（切末）…適量
EXV橄欖油…適量
橄欖（阿貝金納品種）…適量
巴西里（切末）…適量

作法

1. 日本鯷用三片切法分切好，用流水浸泡1～1個半小時，充分瀝除水分。
2. 將1的日本鯷放入淺鋼盤等中，白葡萄酒醋和鹽充分混合，倒入鋼盤中蓋過魚片，醋漬一晚。
3. 從醋中取出魚片，均勻淋上大蒜和橄欖油，油漬一晚。
4. 放入盤中，放上橄欖，撒上巴西里。

餐廳介紹

以下將介紹為本書介紹醃漬技法和料理的餐廳及主廚們。
本書介紹的料理中，有些並非各餐廳平時供應的菜色。
此外，提供料理時所用的容器，也因排盤等因素而有變化。

在2013年重新改裝的店內，呈現白色為基調的時尚空間。TOTOKI也能品嚐到單點午餐及輕食晚餐。

十時 亨 店東兼主廚

P.12

GINZA TOTOKI
トトキ

進入法國料理界已40年。曾任銀座L'ecrin的總料理長，日後自立門戶。身為對日本料理界具影響力的料理人，主廚對後進也不吝指導。現在，主廚以發酵食品為首，積極採用日本各地的食材和烹調法，傾全力研究構築日本的新法國料理。

- 地址／東京都中央区銀座5-5-13坂口ビル7F
- 電話／03-5568-3511
- 營業時間／午餐11時30分～14時（L.O.13時30分）、晚餐18時～22時（L.O.21時）
- 定休日／週一（遇國定假日營業）
  午餐2400日圓～、晚餐7800日圓～

店內料理不論嗅覺或視覺，五感均能愉悅感受正統法國米其林三星級餐廳的味道。除了講究使用產地直送的食材，新食材的嶄新料理也深受歡迎。

渡邊健善 店東兼主廚

P.28

LesSens
レ サンス

1963年生於神奈川縣。1989年赴法。在「Michel Trama」（波爾多三星級）、「Jacque Maximan」、「Le Jardin des Sens」（蒙貝利耶三星級）和「Jacques chibois」等餐廳修業，1998年「Les Sens」在橫濱市開幕。

- 地址／神奈川県横浜市青葉区新石川2-13-18
- 電話／045-903-0800
- 營業時間／晝11時～14時30分（L.O.）、夜17時30分～21時（L.O.）
- 定休日／週一（遇國定假日改翌日休）
  http://www.les-sens.com/lesens/
  午餐1500日圓～、晚餐4950日圓～

店東兼主廚的今井壽，使用產地直送的各地當令食材製作的義大利料理深獲好評。建議顧客輕鬆前來「Taverna」享用。

今井 壽 店東兼主廚

P.40

Taverna I
タベルナ アイ

1958年生於東京。1988年進入淺草豪景飯店（View Hotel）「Ristorante Verita」。曾任「Trattoria Cucina」、「Ristorante Dontarian」、「Osteria Il Piccione)」、「Osteria la Pirica」的主廚，2013年「Taverna I」開幕。

- 地址／東京都文京区関口3-18-4
- 電話／03-6912-0780
- 營業時間／平日午餐11時30分～14時（L.O.）、晚餐17時30分～21時30分（L.O.）、週六・週日、國定假日12時～21時30分（L.O.）
- 定休日／週二（遇國定假日時營業，改下週三休）
  http://www.taverna-i.com　平日午餐1000日圓～、晚餐套餐3500日圓～

這家獨幢餐廳以讓人度過幸福時光為理念。石崎主廚的經營理念，是希望透過義大利料理，讓人們感受「非日常」。

石崎幸雄 店東兼主廚

P.50

CUCINA ITALIANA ATELIER GASTRONOMICO DA ISHIZAKI
ダ イシザキ

1963年生於東京。16歲進入料理世界，在東京數家義大利餐廳習藝後，1990年前往義大利。2002年義大利專業協會授與「義大利專家」的稱號。2015年「DA ISHIZAKI」開幕。

- 地址／東京都文京区千駄木2-33-9
- 電話／03-5834-2833
- 營業時間／11時30分～13時30分、18時～21時30分（L.O.）
- 定休日／週一（遇國定假日時營業，改下週二休）
  http :// www.daishizaki.com
  午餐套餐3500日圓～、晚餐套餐10000日圓～

高森敏明 店東、主廚兼酒侍

P.66

Restaurante Dos Gatos
ドスガトス

店內散發與吉祥寺商店街外觀相襯的老店氛圍。該店以西班牙海鮮飯、西班牙番茄冷湯為首，可在午餐或套餐中享受到人氣料理。

寬大溫和的主廚，在東京吉祥寺持續提供西班牙料理已30年。主廚原以記者為職志，他以巴塞隆那修業時期為內容所撰寫的著作，吸引許多粉絲。料理堅持呈現西班牙鄉土料理的本質，簡單、樸素又溫暖。

- 地址／東京都武蔵野市吉祥寺本町2-34-10
- 電話／0422-22-9830
- 營業時間／午餐12時～15時（L.O.14時）、晚餐17時30分～23時（L.O.22時）
- 定休日／週一・第3個週二

午餐平日1800日圓～、週六、日、國定假日2500日圓～、晚餐套餐5000日圓～

峯 義博 店東兼主廚

P.82

MINE BARU
西班牙料理 MINE BARU

2014年該店遷至被稱為裡澀谷的話題區。雖然店面如避難所般位於地下室，不過卻經常高朋滿座。加工肉的技術也深獲好評。

烹調師學校畢業後，在各式料理店工作，2011年獨立開店。主廚提引食材味道的功力深受大眾矚目，其根底是因對烹調具有極大好奇心。除了真空烹調法外，主廚也會採用減壓加熱法等最新烹調技術，時常嘗試研究。

- 地址／東京都渋谷区神泉町13-13ヒルズ渋谷B1F
- 電話／03-3496-0609
- 營業時間／僅週日午餐12時～15時（L.O.13時30分）、晚餐週二～週六17時30分～23時30分（L.O.22時30分）、週日週日17時30分～23時（L.O.22時）
- 定休日／週一

午餐套餐2200日圓～、晚餐套餐5200日圓～

川崎晉二 總料理長

P.96

肉與葡萄酒 野毛 Bistro zip Terrace
ジップ

強力推薦肉配葡萄酒，類似法國的休閒風肉類餐廳。具分量、豪邁的肉類料理和實惠的葡萄酒，店內一應俱全，深受大眾歡迎。

法國料理專門學校畢業。目前，在神奈川橫濱設立5家連鎖休閒餐廳的拉斯帕麗（Raspail）公司，擔任總料理長活躍中。

- 地址／神奈川県横浜市中区花咲町1-1大竹ビル1F
- 電話／045-567-7098
- 營業時間／週二～週四14時～24時（L.O.23時30分）、週五・週六14時～25時（L.O.24時30分）、週日・國定假日14時～23時（L.O.22時30分）
- 定休日／週一

大塚雄平 店東兼主廚

P.100

葡萄酒酒場 est Y
エストワイ

主廚希望讓大家開心喝葡萄酒，每月舉辦魚祭活動，款待自己釣到的魚，也舉辦BBQ。契約農家直送的當令珍稀蔬菜料理，也深受大眾歡迎。

曾在法國「Buerehiesel」（當時為3星級餐廳）、德國3星級餐廳主廚Eckart Bittuhiman（音譯）先生創立的「丸之內 Terrace」、「Restaurant Oreaji」工作，2013年，以店東兼主廚身分開設「葡萄酒酒場 est Y」。2015年2號店「DONCAFE36」開幕。

- 地址／千葉県千葉市花見川区幕張本郷2丁目8-9
- 電話／043-301-2127
- 營業時間／15時～24時
- 不定休

梶村良仁 店東兼主廚

P.106

Brasserie La mujica
ブラッスリー ラ　ムジカ

音樂是該店的主題之一，也是店名的由來。店內定期舉辦鋼琴、歌曲等的晚餐音樂會，也聚集許多喜愛音樂的人。

在大宅餐廳（La Grande Maison）、麵包店和南法星級餐廳累積經驗後，於2008年開設本店。希望讓顧客更輕鬆享受法國料理，致力烹調大家喜愛的法國料理。料理味道輕盈。舉辦發現地區食材及藏元酒的晚餐等多樣化活動。

- 地址／東京都豊島区目白3-14-21 1F
- 電話／03-3565-3337
- 營業時間／午餐11時30分～14時（L.O.）、晚餐18時～21時30分（L.O.）
- 定休日／週一（遇節慶日時改翌日休）

午餐套餐1600日圓～、晚餐套餐3800日圓～

在連日都高朋滿座的店內，料理人員和服務人員合作無間，光是晚上就能翻桌三次。同系列的義大利餐廳「Ciccio」也深受大眾歡迎。

廣瀨康二 主廚

P.118

Bistro Hutch
ビストロ ハッチ

最初在東京四谷的「北島亭」學習，之後在法國的星級餐廳等地累積經驗，目前在吉祥寺生意興隆的該店大展廚技。主廚的烹調技術是該店人氣爆棚的主因。除了餐廳的基本料理外，採用季節食材的菜色，也讓老顧客們百吃不厭。

- 地址／東京都武蔵野市吉祥寺本町2-17-3本町ハウス1F
- 電話／0422-27-1163
- 營業時間／17時～翌日3時（L.O.翌日2時）
- 全年無休
  晚餐只有單點料理。

從公寓的一樓來到二樓的西式裝璜的時尚餐廳。如同上樓梯般，主廚希望餐廳的水準也能更上層樓。店前的馬路是「風的散步道」。

內藤史朗 店東兼主廚

P.126

ESSENCE
エサンス

內藤主廚曾在法國著名主廚於日本開設的現代法式餐廳工作。受到法國廚師們的薰陶，他選擇在綠意盎然的三鷹獨立開店。2006年時開設「Simply French」、2010年重新開設「ESSENCE」。色彩鮮麗的擺盤深深吸引顧客。

- 地址／東京都三鷹市下連雀2-12-29 2F
- 電話／0422-26-9164
- 營業時間／午餐11時30分～14時、晚餐18時～21時
- 定休日／週一
  午餐套餐3000日圓～、晚餐套餐5000日圓～

是一家中午開店前門口已大排長龍，晚餐也很難預定到的人氣爆炸店。兩人餐點明確標示1萬日圓的作法博得人氣。

加藤木裕 店東兼主廚

P.136

Aux Delices de Dodine
オデリス ド ドディーヌ

在東京都人氣法國餐廳鑽研廚藝，2013年開設本店。主廚鉅細靡遺、精緻考究的料理，常博得高評價。以一年一店的快節奏持續開店，目前已有3家店。姐妹店也生意興隆，營業餐廳的技術也備受矚目。

- 地址／東京都港区芝大門2-2-7 7セントラルビル1F
- 電話／03-6432-4440
- 營業時間／午餐11時30分～15時（L.O.14時30分）、晚餐18時～23時30分（L.O.22時30分）
- 定休日／第1個週日
  午餐1000日圓～、晚餐只有單點料理

料理講究使用「和魂洋才」三島及全國新鮮農場蔬菜等特選食材，以法國料理為基底，融合日式風格的新混搭料理。

中田耕一郎 店東兼主廚

P.148

Le japon
レストラン ル ジャポン

1976年生於福島縣的Iwaki市。曾在箱根的「Auberge au Mirador」、「Restaurant Simpei」，虎之門「ELEMENTS」等餐廳擔任料理長。在和食「料理屋Kodama」餐廳研修。2011年9月於代官山開設「Restaurant Japon」。

- 地址／東京都目黒区青葉台2-10-11西郷山スペース1F
- 電話／03-5728-4880
- 營業時間／12時～14時（L.O.13時）、18時～23時（L.O.22時）
- 定休日／不定休
  http://www.le-japon.info
  午餐5500日圓～、晚餐7500日圓～

以非平日的幸福時光為概念，讓人愉快享受精緻講究、充滿創造性的現代法國料理與華麗葡萄酒的組合。

吉岡慶篤 店東、主廚兼酒侍

P.154

l'art et la manière
ラール エ ラ マニエール

曾在南法的三星級餐廳「Le Jardin des Sens」擔任酒侍，回國後，負責「Sens & Saveurs」、「Cafe & Bistro Pourcel」的開店統籌活躍中。2009年獨立，現為「l' art et la manière」的負責人兼酒侍。

- 地址／東京都中央区銀座3-4-17オプティカB1
- 電話／03-3562-7955
- 營業時間／晝11時30分～15時30分（L.O.13時30分）※週一午餐休息、
  夜18時～24時（L.O.20時30分）
- 定休日／週日・年末年初
  http://www.lart.co.jp 午餐4000日圓～、晚餐9000日圓～

料理崇尚「休閒美食」，讓顧客感受四季豐富多彩的食材，直接享受田園成熟蔬菜等的單純美味。

中村和成 主廚

P.162

LA BONNE TABLE
ラ　ボンヌ　ターブル

1980年生於千葉縣，在「Chez・松尾」、「Restaurant la Lionne」奠定紮實的料理基礎，「L'Effervescence」的開店員工，2012年升任為副主廚，2014年「LA BONNE TABLE」開幕，擔任主廚迄今。

- 地址／東京都中央区日本橋室町2-3-1 COREDO室町2 1F
- 電話／03-3277-6055
- 營業時間／11時30分～13時30分（L.O.）、17時30分～21時30分（L.O.）
- 定休日／隔週週三

http://labonnetable.jp
午餐3600日圓、晚餐 6800日圓

共八盤料理的套餐，以及佐葡萄酒的套餐都深受歡迎。中午還備有義大利麵簡餐。套餐皆附著名的鵝肝醬布丁。

高山直一 主廚

P.168

PIATTI CASTELLINA
ピアッティ カステリーナ

在「Ristorante Canoviano本店」及代官山「Ristorante ASO」等餐廳累積經驗，曾任Aroma Fresca集團等的主廚，自2015年起任該餐廳的主廚。致力研究日式和法式料理等，採用和風元素的義式料理也散發獨特的風味。

- 地址／東京都新宿区天神町68-3橋本ビル1F
- 電話／03-6265-0876
- 營業時間／午餐11時30分～15時（L.O.13時30分）、晚餐17時30分～23時（L.O.21時30分）
- 定休日／週三

午餐1080日圓～、晚餐5400日圓～

餐廳位於距大街稍遠的巷內獨幢別墅中。在寧靜氛圍中能享受到正統的美味。看板料理是托斯卡納的著名料理丁骨牛排。

二瓶亮太 主廚

P.180

Osteria IL LEONE
オステリア イル レオーネ

24歲進入義大利料理的世界，28歲時前往義大利佛羅倫斯。在義國生活四年期間，也在正統料理店累積烹調經驗。回國後，在橫濱參與新餐廳的開設後，自2016年2月起擔任該店的主廚。擅長托斯卡納地區的料理。

- 地址／東京都新宿区新宿2-1-7
- 電話／03-6380-0505
- 營業時間／午餐11時30分～14時30分（L.O.）、晚餐18時～21時30分（L.O.）
- 定休日／週一

午餐1000日圓～、晚餐套餐5000日圓～

進入覆滿綠色植物的建築物後，玻璃帷幕的開放空間在眼前展開。該餐廳服務親切、周到，深受在地客的喜愛。

小山雄大 主廚

P.186

Tratoria Al Buonissimo
トラットリア アル ブォニッシモ

烹調師學校畢業後，進入料理之路。跟隨「Taverna I」的今井壽主廚，學得高超的烹飪技術，2008年擔任該店主廚。吸引當地許多家庭光顧，以家庭料理為基底，提供有益健康的義大利料理。主廚表示，料理其實是經過精密計算烹調出的美味。

- 地址／東京都目黑区八雲5-11-13
- 電話／03-5731-7251
- 營業時間／午餐11時30分～14時（L.O.）、晚餐17時30分～21時（L.O.）
- 定休日／週一

午餐1000日圓～、晚餐套餐3700日圓～

該餐廳能享受到正統西班牙鄉土料理和西班牙各地的葡萄酒。為了品嚐美味，有許多不遠千里而來的常客。

數井理央 店東兼主廚

P.194

Irene
西班牙鄉土料理 Irene

主廚以正統的烹調法忠實重現西班牙料理，備受料理界矚目。他善用樸素的季節新鮮食材，活用肉類、海鮮、蔬菜的原味，精心烹調出樸實的料理。主廚曾在東京著名餐廳正真的西班牙籍主廚手下工作，因而培育出篤實的烹調態度。

- 地址／東京都中野区新井1-2-12
- 電話／03-3388-6206
- 營業時間／17時30分～24時（L.O.21時30分）
- 定休日／週一

晚餐以單點料理為主。

TITLE

名店主廚親授！西式醃漬技法＆料理91品

STAFF

出版　瑞昇文化事業股份有限公司
編著　旭屋出版　編輯部
譯者　沙子芳

總編輯　郭湘齡
責任編輯　蔣詩綺
文字編輯　黃美玉　徐承義
美術編輯　陳靜治
排版　二次方數位設計
製版　昇昇興業股份有限公司
印刷　桂林彩色印刷股份有限公司

法律顧問　經兆國際法律事務所　黃沛聲律師

戶名　瑞昇文化事業股份有限公司
劃撥帳號　19598343
地址　新北市中和區景平路464巷2弄1-4號
電話　(02)2945-3191
傳真　(02)2945-3190
網址　www.rising-books.com.tw
Mail　deepblue@rising-books.com.tw

初版日期　2017年10月
定價　600元

ORIGINAL JAPANESE EDITION STAFF

編集・取材　井上久尚／虹川実花　大畑加代子
駒井麻子　三神さやか
デザイン　冨川幸雄（スタジオ フリーウェイ）
撮影　後藤弘行　曽我浩一郎／キミヒロ
佐々木雅久　野辺竜馬

國家圖書館出版品預行編目資料

名店主廚親授！: 西式醃漬技法&料理91品 / 旭屋出版編輯部編著 ; 沙子芳譯. -- 初版. -- 新北市 : 瑞昇文化, 2017.09
208面 ; 19 x 25.7公分
ISBN 978-986-401-193-3(平裝)

1.食譜 2.食物酸漬 3.食物鹽漬

427.75　106013627